本书由赣南师范大学校本特色教材立项经费（师大教字〔2〔

学”江西省一流本科专业建设经费（教高厅函〔2021〕7号）资〕

遥感地学分析
实验教程

郑著彬　任静丽　编著

江西高校出版社

图书在版编目（C I P）数据

遥感地学分析实验教程/郑著彬,任静丽编著.--南昌:江西高校出版社,2023.5（2024.9重印）

ISBN 978-7-5762-3847-1

Ⅰ.①遥…　Ⅱ.①郑…　②任…　Ⅲ.①地质遥感—实验—教材　Ⅳ.①P627-33

中国国家版本馆 CIP 数据核字（2023）第 078310 号

出版发行		江西高校出版社
社　　址		江西省南昌市洪都北大道 96 号
总编室电话		(0791)88504319
销售电话		(0791)88522516
网　　址		www.juacp.com
印　　刷		三河市京兰印务有限公司
经　　销		全国新华书店
开　　本		700mm×1000mm　1/16
印　　张		19.75
字　　数		150 千字
版　　次		2023 年 5 月第 1 版
		2024 年 9 月第 2 次印刷
书　　号		ISBN 978-7-5762-3847-1
定　　价		68.00 元

赣版权登字 -07-2023-348

实验教程使用说明

　　本书适用于地理科学、地理信息科学专业及相关专业的本科学生,对地理学研究生亦有一定的参考价值。

　　本书共分为五篇,一共有 17 个实验项目。每个实验包括实验要求、实验目标、实验软件、实验区域与数据、实验原理与分析、实验步骤、驱动力分析(部分实验缺少此项内容)、练习题、实验报告和思考题10 个部。具体说明如下:1) 实验项目的前五部分(实验要求、实验目标、实验软件、实验区域与数据、实验原理与分析)主要介绍了实验所要解决的问题以及如何运用遥感技术解决这些问题,是实验前期的准备内容;2)"实验步骤"部分详细介绍了使用相应的遥感软件完成实验内容的步骤;3)"驱动力分析"部分介绍了实验结果影响因素的分析过程;4)练习题、实验报告和思考题这三个部分,要求读者基于已开展的实验内容,自主完成本部分内容。各实验内容相对独立,读者可视情况自由选择,每个实验建议课时见附表 1。

　　本书中实验所用软件为 ENVI 5.6 与 ArcGIS 10.6,也涉及其他版本的相关软件。本书中使用的数据可根据实际需求分别下载(见附录1)。每个实验需要的软件并不完全相同(见附录 2)。相关的 GEE 代码请参见附录 3。

目　录 CONTENTS

第四篇　城市夜光遥感

第五篇　基于 GEE 云平台的遥感大数据监测与分析

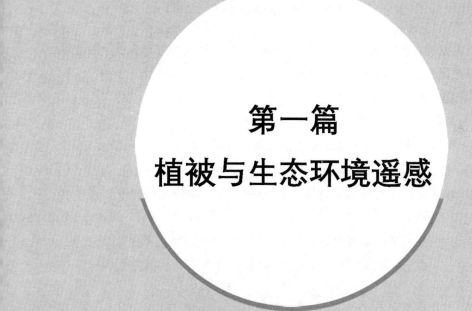

第一篇
植被与生态环境遥感

实验1 植被覆盖度遥感监测——以内蒙古自治区阿拉善左旗为例

1.1 实验要求

根据内蒙古自治区阿拉善左旗1990—2019年近30年的Landsat卫星系列遥感影像数据,完成下列分析:

(1)影像数据下载和预处理。

(2)计算归一化植被指数(NDVI)。

(3)选取置信区间并运用植被指数法计算植被覆盖度。

(4)确定植被覆盖度分级标准并制作植被覆盖度的分级图。

(5)计算转移矩阵并观察研究区域1990—2019年各级植被覆盖度转移矩阵的变化。

(6)利用获取到的气象数据对研究区域近30年来的气候变化进行分析。

(7)结合气象因子和人类活动对研究区域近30年来的植被变化进行驱动力分析。

1.2 实验目标

(1)掌握植被覆盖度的遥感计算方法。

(2)理解植被覆盖度与区域生态环境之间的关系。

(3)掌握对植被覆盖度进行驱动力分析的方法。

1.3 实验软件

ENVI 5.3、ArcGIS 10.2、Excel。

1.4 实验区域与数据

1.4.1 实验数据

"裁剪后的数据"文件夹:1990年到2019年部分年份预处理后的遥感影像。

"NDVI 计算及去除异常值"文件夹：计算 NDVI 以及去除 NDVI 异常值后得到的遥感影像。

"FVC 计算及分级结果导出"文件夹：计算 FVC 并对结果进行分级后导出得到的遥感影像。

"驱动力分析"文件夹：对研究区域的 NDVI 和 FVC 变化进行驱动力分析。

"矢量边界"文件夹：内蒙古阿拉善盟阿拉善左旗矢量数据。

"气象数据"文件夹：1990—2019 年研究区域附近气象站点的部分气温、降水以及日照数据。

1.4.2　实验区域

实验区域为东经 103°～106°，北纬 37°～40°，地处内蒙古自治区阿拉善盟阿拉善左旗西南部，地势较高，平均海拔 1300 m，主要为荒漠、半荒漠草原。实验区域水资源贫乏，地表水相当有限，地下水资源分布不均，大部分受大气降水影响而变化较大，水质一般较差，多为苦水、咸水和半咸水。而且植被十分稀疏，其主要植物为旱生和超旱生灌木、半灌木，为典型的荒漠植被。

1.5　实验原理与分析

植被覆盖度（Fractional Vegetation Cover，FVC）是指植被（包括叶、茎、枝）在地面的垂直投影面积占统计区总面积的百分比，是植被的直观量化指标。遥感技术能够对植被覆盖度进行大范围、长时间观测。目前利用遥感测量植被覆盖度的方法，主要有经验模型法、植被指数法与像元分解模型法。

本实验采用的方法是植被指数法和像元分解模型法中的像元二分模型。像元二分模型理论简单，制约条件少，在估算植被动态变化方面具有较高的精度；植被指数法不需要建立相关模型，直接选取与植被覆盖度有良好相关性的植被指数运算即可，此方法适用于大尺度范围，小范围的估算精度相对较低。这两种方法都是利用植被指数近似估算植被覆盖度。其中使用最广泛的是归一化植被指数（Normalized Difference Vegetation index，NDVI），它主要是利用红光和近红外波段对植被敏感的特性，其计算公式为：

$$\text{NDVI} = \frac{\text{NIR} - \text{R}}{\text{NIR} + \text{R}}. \tag{1.1}$$

其中，NIR 和 R 分别为遥感影像中近红外波段和红光波段的反射率数据。

$-1 \leqslant NDVI \leqslant 1$,负值表示地面覆盖为云、水、雪等;0 表示有岩石或裸土等,NIR 和 R 近似相等;正值表示有植被覆盖,且随覆盖度增大而增大。

【实验要求 1】计算 NDVI。

【实验要求 2】用像元二分法计算植被覆盖度,计算公式为:

$$FVC = \frac{NDVI - NDVI_{soil}}{NDVI_{veg} - NDVI_{soil}} . \tag{1.2}$$

【实验要求 3】利用像元二分法和植被指数法计算植被覆盖度,计算公式为:

$$FVC = \frac{NDVI - NDVI_{soil}}{(NDVI_{veg} - NDVI_{soil})^2} . \tag{1.3}$$

其中:$NDVI_{soil}$ 为完全是裸土或无植被覆盖区域的 NDVI 值;$NDVI_{veg}$ 为完全被植被覆盖像元的 NDVI 值,即纯植被像元的 NDVI 值。利用这两种方法计算植被覆盖度的关键是计算 $NDVI_{soil}$ 和 $NDVI_{veg}$ 的值。根据已有的像元二分模型的研究,这里有两种假设。

假设一:当区域内可以近似取 $FVC_{max} = 100\%$,$FVC_{min} = 0\%$ 时,公式(1.2)变为:

$$FVC = \frac{NDVI - NDVI_{min}}{NDVI_{max} - NDVI_{min}} . \tag{1.4}$$

其中,$NDVI_{max}$ 和 $NDVI_{min}$ 分别为区域内最大的和最小的 NDVI 值。由于不可避免地存在噪声,$NDVI_{max}$ 和 $NDVI_{min}$ 一般取一定置信度范围内的最大值和最小值,置信度的取值主要根据图像的实际情况来定。

假设二:当区域内不能近似取 $FVC_{max} = 100\%$,$FVC_{min} = 0\%$ 时,在有实测数据的情况下,FVC_{max} 和 FVC_{min} 分别取实测数据中的植被覆盖度的最大值和最小值,这两个实测数据对应图像的 NDVI 作为 $NDVI_{max}$ 和 $NDVI_{min}$。

【实验要求 4】根据植被覆盖度分级标准制作分级图。分级标准如下:极低覆盖度,即覆盖度低于 10%;低覆盖度,即覆盖度为 10% ~30%;中覆盖度,即覆盖度为 30% ~50%;高覆盖度,即覆盖度为 50% ~70%;极高覆盖度,即覆盖度高于70%。

【实验要求 5】计算植被覆盖度的转移矩阵。

$$S_{ij} = \begin{bmatrix} S_{11} & S_{12} & \cdots & S_{1n} \\ S_{21} & S_{22} & \cdots & S_{2n} \\ \cdots & \cdots & \cdots & \cdots \\ S_{n1} & S_{n2} & \cdots & S_{nn} \end{bmatrix}. \tag{1.5}$$

式中:S 代表面积;n 代表土地利用类型总数;S_{ij} 表示由 i 地类转移到 j 地类的面积,它可以是一个行列数不同的一般矩阵,本研究采用的是行列数相等的 n 阶方阵。

1.6　实验步骤

1.6.1　计算归一化植被指数

(1)打开 ENVI 5.3 软件,点击"File"→"Open",打开文件夹"裁剪后的数据",选择图像"subset_1994",默认以 Band 3、Band 2、Band 1 合成 RGB 显示。

(2)在 ENVI 的"Toolbox"中点击"Band Algebra"→"Band Math",打开"Band Math"对话框。在"Band Math"对话框的输入栏中输入"(float(b4) – float(b3))/(float(b4) + float(b3))",点击"Add to List",再点击"OK"。

注意:在 b3、b4 前加 float,是为了防止计算时出现字节溢出错误。

(3)在弹出的"Variables to Bands Pairings"对话框中,为 b3、b4 赋值,b3 选择 Band 3、b4 选择 Band 4,设置存储路径,如图 1.1 所示。

注意:Landsat-5 影像 Band 4 和 Band 3 分别对应近红外波段和红色波段。

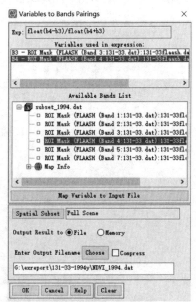

图 1.1　"Variables to Bands Pairings"对话框

1.6.2 运用植被指数法计算植被覆盖度

（1）在 ENVI 主菜单中点击"File"→"Open"，加载上一步得到的 NDVI 图像。

（2）在主菜单中点击"Basic Tools"→"Statistics"→"Compute Statistics"。在文件选择对话框中，选择图像 NDVI，在弹出的"Compute Statistics Parameters"对话框选中"Histograms"，点击"OK"，得到 NDVI 统计结果柱状图。如图 1.2 所示，NDVI 结果不在 −1 和 1 之间。由此可知结果中存在异常点，需要去除异常值。

（3）去除 NDVI 异常值。在 ENVI 的"Toolbox"中点击"Band Algebra"→"Band Math"，打开"Band Math"对话框。在"Band Math"对话框的输入栏中输入"（b1 lt −1）＊0＋（b1 gt 1）＊1＋（b1 ge −1 and b1 le 1）＊b1"，点击"Add to List"，再点击"OK"。在弹出的"Variables to Bands Pairings"对话框中，为 b1 赋值，b1 选择 NDVI 的计算结果，设置存储路径，如图 1.3 所示。

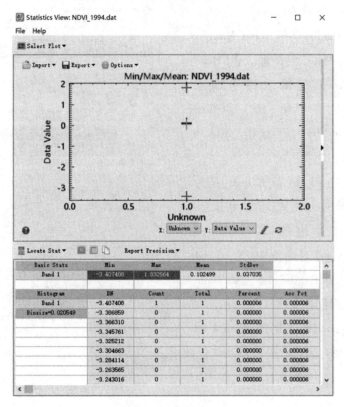

图 1.2　结果统计

图 1.3　去除 NDVI 异常值

（4）在统计结果中，最后一列"Acc Pct"表示对应 NDVI 值的累积概率分布。根据已有相同研究区域的相关文献的研究结果，本实验的累积概率分别取 3% 和 98% 的 NDVI 值作为 $NDVI_{min}$ 和 $NDVI_{max}$。由图 1.4 和图 1.5 可知，$NDVI_{min} = 0.061443$，$NDVI_{max} = 0.2$。

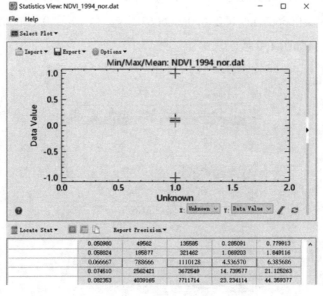

图 1.4　$NDVI_{min}$ 结果

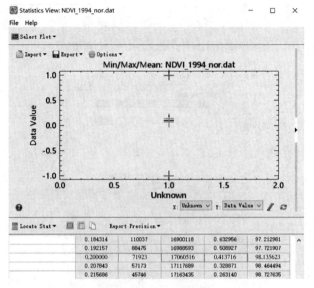

图 1.5　NDVI$_{max}$ 结果

注意:取累积概率为3%和98%,而不是所占百分比为3%和98%;因为累积概率小于3%的地区可看作裸地或无植被区域,累积概率大于98%的地区可看作植被完全覆盖区,所以可取累积概率3%和98%作为 NDVI$_{min}$ 和 NDVI$_{max}$。

(5)在 ENVI 主菜单中点击"Basic Tools"→"Band Math",在公式输入栏中输入:(b1 lt 0.066667) * 0 + (b1 gt 0.2) * 1 + (b1 ge 0.066667 and b1 le 0.2) * (((b1 − 0.066667)/(0.2 − 0.066667)) * ((b1 − 0.066667)/(0.2 − 0.066667))),如图 1.6 所示。

注意:lt、gt、ge、le 分别表示小于、大于、大于等于、小于等于。

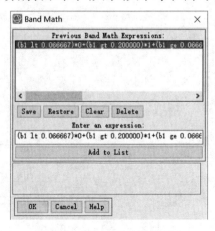

图 1.6　"Band Math"对话框

（6）在弹出的"Variables to Bands Pairings"对话框中，b1 选择去除异常值后的 NDVI 图像，设置存储路径，如图 1.7 所示。

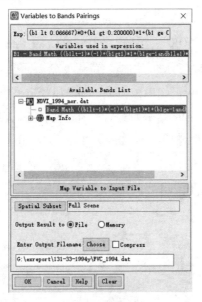

图 1.7　波段赋值

（7）在主图像窗口加载上一步得到的植被覆盖度图像，右击选择"Quick Stats"，如图 1.8 所示，NDVI 的最大值为 1，最小值为 0，二值化结果正确。

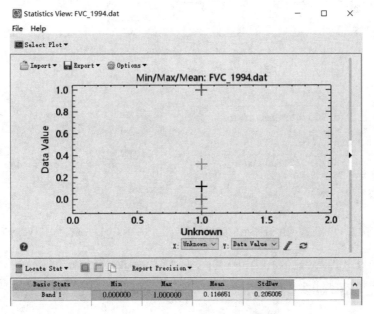

图 1.8　"Statistics Results"对话框

1.6.3 植被覆盖度分级

（1）右击图像"1994_FVC"选择"New Raster Color Slice"，在"File Selection"选择"1994_FVC"，点击"OK"，之后点击"Clear Color Slice"按钮清除默认区间。

（2）根据"实验原理与分析"的植被覆盖度分级标准，将类别分为5类，操作如下：点击"Add Color Slice"，修改"Slice Min"和"Slice Max"，将类别分为5类，如图1.9所示。点击"Color"，分别修改5个类别的最大值和最小值，并设置颜色，之后右击"Slices"，选择"Export Color Slices"→"Class Image"，将图像保存，设置存储路径，如图1.10所示。然后点击"File"→"Save As"选择上一步保存的图像，设置存储路径，如图1.11所示。

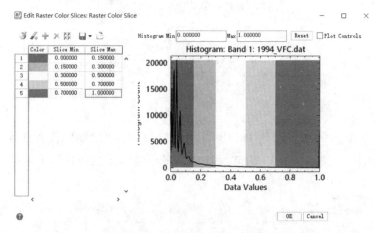

图1.9 "Raster Color Slices"对话框

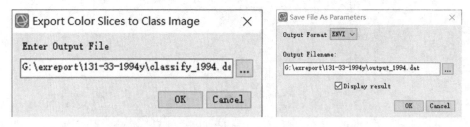

图1.10 保存密度分割后的图像   图1.11 保存为ENVI标准格式

（3）在软件ArcMap 10.2中打开文件"output_fvc_1994"，制作1994年植被覆盖度专题图，如图1.12所示。

图 1.12   ArcMap 制作的植被覆盖度专题图

1.6.4   计算转移矩阵

（1）在 ENVI 的"Toolbox"中点击"Change Detection"→"Change Detection Statistics"，选择前一时段的密度分割图像作为前时相分类图（Initial State），选择后一时段的密度分割图像作为后时相分类图（Final State）。

（2）在"Define Equivalent Classes"面板中，如果两个时相的分类图命名规则一致，则会自动将两时相上的类别关联；否则需要在 Initial State Class 和 Final State Class 列表中手动选择相应的类别，若统计的类别有背景类别，选中背景类别，点击"Remove Pair"，将其在统计类别中移除，然后点击"OK"。

（3）在结果输出面板中，选择统计类型：像素（Pixels）、百分比（Percent）和面积（Area），设置存储路径，如图 1.13 所示。

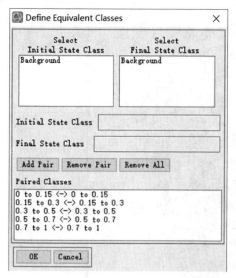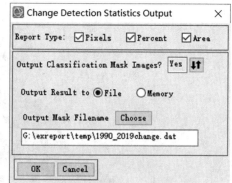

图 1.13　计算转移矩阵

（4）在计算完成的"Change Detection Statistics"面板中,点击"File"→"Save to Text File"将计算出的转移矩阵保存成文本文件。在 Excel 中打开生成的文本文件,进行转移矩阵的修改,并生成研究区域各级植被覆盖度转移矩阵。这里以 1990 年至 2019 年的影像为例,转移矩阵结果如图 1.14 所示。

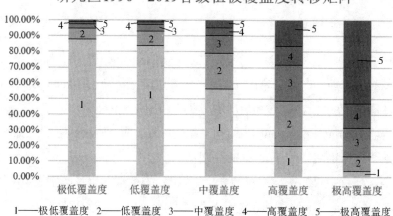

图 1.14　1990—2019 年各级植被覆盖度转移矩阵

1.6.5 得到研究区域 30 年来的植被覆盖变化曲线

（1）在 ENVI 的"Toolbox"中，点击"Statistics"→"Compute Statistics"，选择"1994_FVC_nor"，选择"Basic Stats"和"Histogram"，点击"OK"，结果如图 1.15 所示，得到 FVC 平均值。

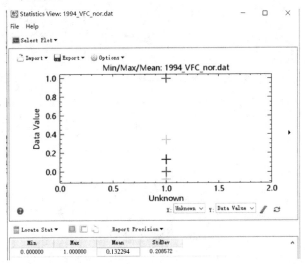

图 1.15　1994 年的 FVC 均值

（2）将 30 年间的 FVC 的平均值在 Excel 中输入，对 30 年间 FVC 的变化趋势进行分析，如图 1.16 所示。

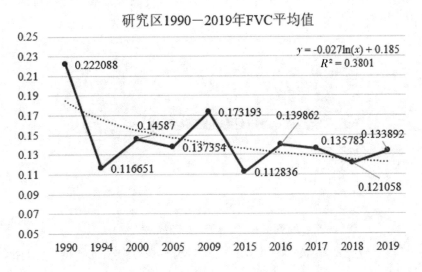

图 1.16　1990—2019 年的 FVC 均值变化趋势

（3）同步骤（1）（2），可对 30 年间 NDVI 的变化趋势进行分析，如图 1.17 所示。

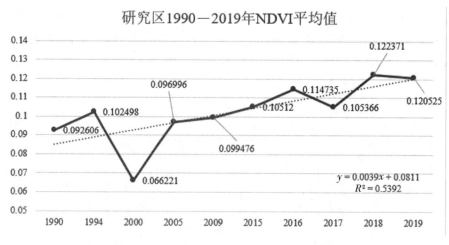

图 1.17　1990—2019 年的 NDVI 均值变化趋势

1.7　驱动力分析

1.7.1　自然因素

（1）在 Excel 中打开收集到的气象数据，将气象数据与 NDVI 平均值和 FVC 平均值进行多元回归分析。打开 Excel，在菜单栏中点击"数据"→"分析"，选择"数据分析"工具，在"数据分析"对话框中选择"相关系数"，如图 1.18 所示。

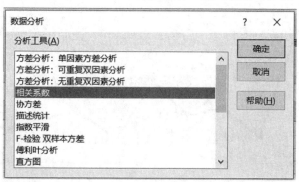

图 1.18　"分析工具"对话框

（2）在"数据选择"对话框中选择需要进行相关性分析的数据，这里用全年气温、全年总降水、日照时数和 NDVI 平均值进行相关系数分析。其他设置如图

1.19 所示,设置完成后点击"确定",结果如表 1.1 所示。

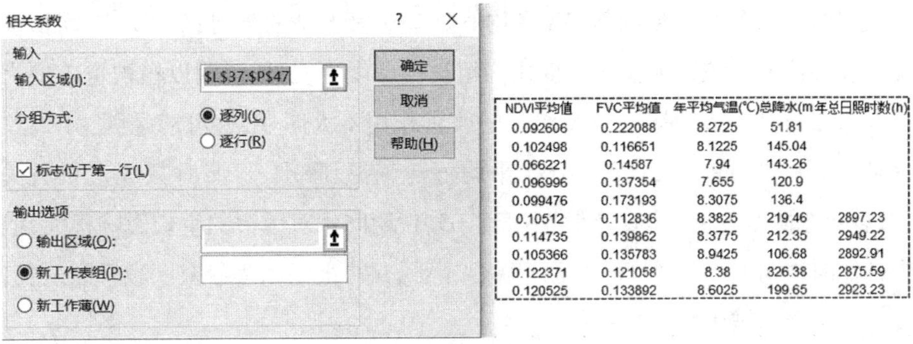

图 1.19　相关参数设置

(3)P-value 的计算步骤与相关性分析类似,结果如表 1.1 所示。

表 1.1　NDVI 平均值和 FVC 平均值与气象因子的相关性和 P-value 分析

		NDVI 平均值	FVC 平均值	年平均气温	年总降水	年总日照时数
相关性	NDVI 平均值	1.000	-0.359	0.530	0.599	0.089
	FVC 平均值	-0.359	1.000	-0.064	-0.646	0.652
	年平均气温	0.530	-0.064	1.000	0.153	-0.174
	年总降水	0.599	-0.646	0.153	1.000	-0.263
	年总日照时数	0.089	0.652	-0.174	-0.263	1.000
P-value	NDVI 平均值			0.115	0.067	0.887
	FVC 平均值			0.860	0.044	0.233

1.7.2　人为因素

过度放牧,不合理的开采,黑河中上游用水量增加,阿拉善奇石产业兴起,发展经济的过程中忽视了沙漠化治理和植被种植,盐湖干涸等是 1995 年之前荒漠化的主要原因;1984 年开始飞播造林试验,通过近 10 年的连续试验,初步摸索出一套适合阿拉善地区的飞播造林治沙技术措施,林草长势良好,植物种类逐年增多,这是 1990—1995 年 NDVI 增加的原因;实施禁牧,出台退牧还草政策是 2009 年 NDVI 开始增加的原因;"蚂蚁森林"的出现是 2015 年左右 NDVI 增幅变大的原因。

1.7.3　结论

本研究通过对研究区域植被覆盖度变化的分析,清楚地反映了植被的时空变化,并在此基础上结合气象数据对沙漠高原区的植被覆盖度变化进行多元回归分析,进一步进行了植被变化的驱动力分析,得出以下结论:(1)自"蚂蚁森林"上线以来,研究区域的 NDVI 平均值具有显著上升的趋势;(2)30 年间植被覆盖度整体向低植被覆盖度转变比高植被覆盖度更明显,说明以植被覆盖度为依据来衡量"蚂蚁森林"对沙漠绿化的改善作用不太明显,这可能是因为"蚂蚁森林"的种植时间不长;(3)NDVI 平均值与气温、降水、日照时数成正相关关系,且年总降水的 P-value 最小,小于 0.05,说明降水对植被的生长影响很大,但是日照时数与 NDVI 平均值的正相关性不强,这可能是因为研究区域日照过长,反而不利于植被生长。

1.8　练习题

根据植被指数法计算研究区域 1990—2019 年的植被覆盖度,完成表 1.2。

表 1.2　1990—2019 年研究区域的 NDVI 平均值和 FVC 平均值

	1990	1994	2000	2005	2009	2015	2016	2017	2018	2019
NDVI 平均值										
FVC 平均值										

1.9　实验报告

根据 1990—2019 年的遥感影像数据,利用植被指数法计算植被覆盖度,并根据植被覆盖度分级标准将植被覆盖度分为 5 个级别,制作专题图,完成表 1.3。

表 1.3　1990—2019 年研究区域的植被覆盖度各级占比

	1990	1994	2000	2005	2009	2015	2016	2017	2018	2019
极低覆盖度										
低覆盖度										
中覆盖度										
高覆盖度										
极高覆盖度										

1.10 思考题

（1）比较本实验中研究区域1990—2019年的植被覆盖度分级图,分析植被的分布和变化趋势。

（2）为什么用NDVI来估算植被覆盖度?

（3）引起植被覆盖度变化的原因有哪些? 该如何分析?

（4）为了提高植被覆盖度的估算精度,可以采用哪些方法?

（5）除了NDVI,还有哪些植被指数可以用来计算植被覆盖度?

（6）本实验选用的分级标准是不是唯一的? 你觉得有哪些地方可以改进呢?

实验 2　植被覆盖度遥感监测——以延安子长县①为例

2.1　实验要求

根据陕西省延安市子长县的 Landsat 系列卫星的多光谱影像数据,以及政策、气候等数据,完成下列分析:

(1)计算归一化植被指数 NDVI。

(2)运用像元二分法模型计算植被覆盖度。

(3)制作植被覆盖度的分级图。

(4)分析政策、降水、气温因素对植被覆盖度的影响。

2.2　实验目标

(1)掌握植被覆盖度的遥感计算方法。

(2)理解植被覆盖度与政策、气候之间的关系。

2.3　实验软件

ENVI 5.3、ArcGIS 10.2、Excel。

2.4　实验区域与数据

2.4.1　实验数据

"1995"文件夹:裁剪后子长县 1995 年 6 月 Landsat-5 遥感影像。

"2000"文件夹:裁剪后子长县 2000 年 5 月 Landsat-5 遥感影像。

"2005"文件夹:裁剪后子长县 2005 年 9 月 Landsat-5 遥感影像。

"2010"文件夹:裁剪后子长县 2010 年 6 月 Landsat-5 遥感影像。

---

① 2019 年 7 月,经国务院批准,同意陕西省撤销子长县,设立县级子长市,以原子长县的行政区域为子长市的行政区域。本实验中所用数据均为 2018 年及以前的数据,故本书中称子长市为"子长县"。

"2015"文件夹:裁剪后子长县 2015 年 7 月 Landsat-8 遥感影像。

"2018"文件夹:裁剪后子长县 2018 年 5 月 Landsat-8 遥感影像。

"辅助数据"文件夹:

"驱动力分析"文件夹:研究年份的政策、气温等的具体数据。

"矢量边界"文件夹:陕西省延安市子长县边界矢量数据。

2.4.2　实验区域

子长县,位于延安市北部,地处陕西省黄土高原腹地,清涧河上游,北依横山,东接子洲、清涧,南连延川、延安,西邻安塞、靖边,介于东经 109°11′58″ ~ 110°01′22″,北纬 36°59′30″ ~ 37°30′00″之间。其下辖 3 个街道、8 个镇,总面积 2405 平方公里,约占陕西省总面积的 1.16%,占延安市总面积的 7%,人口 27.3 万,耕地 42.28 万亩。地势由西北向东南倾斜,海拔 930 米到 1562 米。此地峁梁起伏,沟壑纵横,为典型的黄土高原丘陵沟壑区。

子长县气候环境属暖温带半干旱大陆性季风气候,气温低、温差大,境内年平均气温 9.1 ℃,年平均降水量 514.7 毫米,无霜期 175 天,有清涧河、无定河、延河三大水系。名胜古迹有北钟山石窟、瓦窑堡会议旧址等,土特产有荞面煎饼等。

2.5　实验原理与分析

植被覆盖度是指植被(包括叶、茎、枝)在地面的垂直投影面积占统计区总面积的百分比,是植被的直观量化指标。遥感技术能够对植被覆盖度进行大范围、长时间观测。经验模型法、植被指数法和像元分解模型法是目前利用遥感测量植被覆盖度的主要方法。

本实验采用的方法是像元分解模型法中的像元二分模型。像元二分模型理论简单,制约条件少,在估算植被动态变化方面具有较高的精度。它是一种利用植被指数近似估算植被覆盖度的方法。其中使用最广泛的是归一化植被指数(Normalized Difference Vegetation Index,NDVI),它主要是利用红光和近红外波段对植被敏感的特性,其计算公式为:

$$NDVI = \frac{NIR - R}{NIR + R}. \tag{2.1}$$

其中,NIR,R 分别为遥感影像中近红外波段和红光波段的反射率数据。

$-1 \leq \text{NDVI} \leq 1$,负值表示地面覆盖有云、水、雪等;0表示有岩石或裸土等,NIR 和 R 近似相等;正值表示有植被覆盖,且随覆盖度增大而增大。

【实验要求 1】计算 NDVI。

【实验要求 2】利用像元二分法计算植被覆盖度,计算公式为:

$$\text{FVC} = \frac{\text{NDVI} - \text{NDVI}_{\text{soil}}}{\text{NDVI}_{\text{veg}} - \text{NDVI}_{\text{soil}}}. \tag{2.2}$$

其中:$\text{NDVI}_{\text{soil}}$ 为完全是裸土或无植被覆盖区域的 NDVI 值;NDVI_{veg} 为完全被植被覆盖像元的 NDVI 值,即纯植被像元的 NDVI 值。利用这两种方法计算植被覆盖度的关键是计算 $\text{NDVI}_{\text{soil}}$ 和 NDVI_{veg} 的值。根据已有的像元二分模型的研究,这里有两种假设。

假设一:当区域内可以近似取 $\text{FVC}_{\text{max}} = 100\%$,$\text{FVC}_{\text{min}} = 0\%$ 时,公式(2.2)可变为:

$$\text{FVC} = \frac{\text{NDVI} - \text{NDVI}_{\text{min}}}{\text{NDVI}_{\text{max}} - \text{NDVI}_{\text{min}}}. \tag{2.3}$$

其中,NDVI_{max} 和 NDVI_{min} 分别为区域内最大的和最小的 NDVI 值。由于不可避免地存在噪声,NDVI_{max} 和 NDVI_{min} 一般取一定置信度范围内的最大值和最小值,置信度的取值主要根据图像的实际情况来定。

假设二:当区域内不能近似取 $\text{FVC}_{\text{max}} = 100\%$,$\text{FVC}_{\text{min}} = 0\%$ 时,在有实测数据的情况下,FVC_{max} 和 FVC_{min} 分别取实测数据中的植被覆盖度最大值和最小值,这两个实测数据对应图像的 NDVI 值作为 NDVI_{max} 和 NDVI_{min}。

【实验要求 3】根据水利部 2008 年发布的《土壤侵蚀分类分级标准》,可以将植被覆盖度划分为 5 个等级,分别为低覆盖度[0,30%]、中低覆盖度[30%,45%]、中覆盖度[45%,60%]、中高覆盖度[60%,75%]和高覆盖度[75%,100%]。

【实验要求 4】对获得的数据进行相关性分析,以衡量两个变量的相关密切程度,主要通过计算相关系数来对子长县的植被覆盖度与政策和气候的相关性进行分析。计算公式如下:

$$r_{xy} = \frac{S_{xy}}{S_x S_y}. \tag{2.4}$$

其中 r_{xy} 表示样本相关系数,S_{xy} 表示样本协方差,S_x 表示 x 的样本标准差,S_y 表示 y 的样本标准差。

2.6　实验步骤

以 2015 年的子长县遥感影像实验步骤为例。

2.6.1　计算归一化植被指数

(1)打开 ENVI 软件,点击"File"→"Open",选择经过预处理后的影像,以 Band 4、Band 3、Band 2 合成 RGB 显示。

(2)在 ENVI 主菜单中,在"Toolbox"工具栏下搜索"Band Math",打开"Band Math"对话框。在"Band Math"对话框的输入栏中输入"(float(b1) – float(b2))/(float(bl) + float(b2))",点击"Add to List",再点击"OK",如图 2.1 所示。

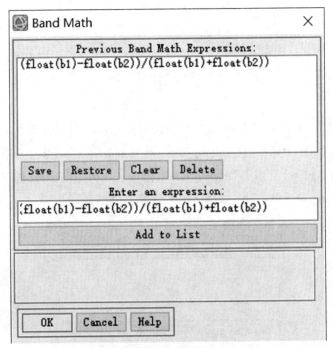

图 2.1　波段计算公式

注意:在 b1、b2 前加 float,是为了防止计算时出现字节溢出错误。

(3)在弹出的"Variables to Bands Pairings"对话框中,为 b1、b2 赋值,b1 选择 Band 4,b2 选择 Band 3,设置存储路径,如图 2.2 所示。

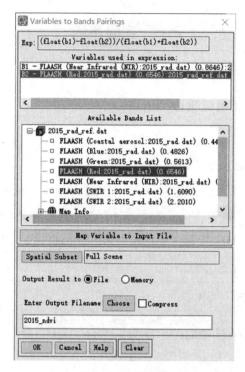

图2.2　波段选择

注意:影像 Band 4 和 Band 3 分别对应近红外波段和红色波段。

(4)去除 NDVI 异常值。如图2.3,选择"Band Math"工具,在打开的对话框中输入"－1＞b1＜1",点击"Add to List",再点击"OK"。在弹出的"Variables to Bands Pairings"对话框中,b1 选择 NDVI,设置存储路径,如图2.4。

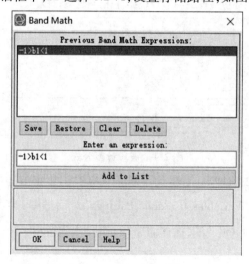

图2.3　去除异常值

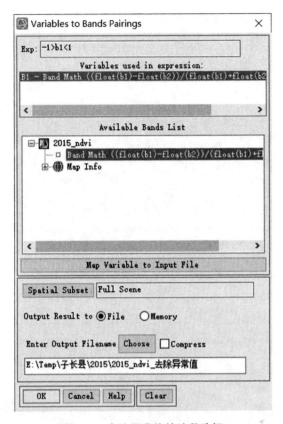

图 2.4　去除异常值的波段选择

2.6.2　运用像元二分法模型计算植被覆盖度

（1）在 ENVI 主菜单中点击"File"→"Open Image File"，加载上一步得到的去除 NDVI 异常值后的图像。

（2）在"Toolbox"中选择"Statistics"→"Compute Statistics"，在"文件选择"对话框中，选择图像"ndvi_"去除异常值，在弹出的"Compute Statistics Parameters"对话框选中"Histograms"，点击"OK"，得到 NDVI 统计结果柱状图。如图 2.5 所示，NDVI 结果在 -1 和 1 之间，表明没有异常点。

（3）在统计结果中，最后一列"Acc Pct"表示对应 NDVI 值的累积概率分布。根据已有的研究结果，本实验的累积概率分别取 5% 和 95% 的 NDVI 值作为 $NDVI_{min}$ 和 $NDVI_{max}$。由图 2.6 可知，$NDVI_{min} = 0.234139$，$NDVI_{max} = 0.740304$。

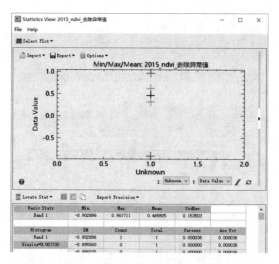

图 2.5　NDVI 统计结果柱状图

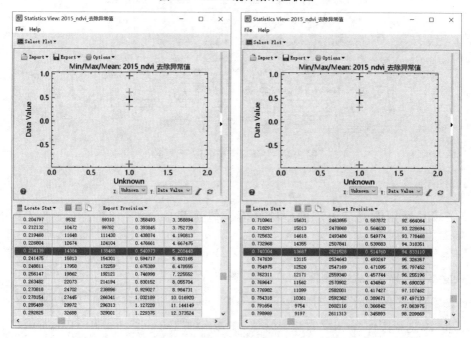

图 2.6　累积概率为 5% 和 95% 的 NDVI 值

　　注意：取累积概率为 5% 和 95%，而不是所占百分比为 5% 和 95%；因为累积概率小于 5% 的地区可看作裸地或无植被区域，累积概率大于 95% 的地区可看作植被完全覆盖区域，所以可分别取累积概率 5% 和 95% 作为 $NDVI_{min}$ 和 ND-VI_{max}。

　　(4)对计算的 NDVI 进行二值化处理。在"Toolbox"工具栏中选择"Band

Math"工具,输入"(b1 lt 0.234139) * 0 + (bl gt 0.740304) * 1 + (bl ge 0.234139 and b1 le 0.740304) * ((b1 − 0.234139)/(0.740304 − 0.234139))",如图 2.7 所示。

注意:lt、gt、ge、le 分别表示小于、大于、大于等于、小于等于。公式的含义是:当括号内值为真时,返回 1;当括号内值为假时,返回 0。当 NDVI 小于 0.234139 时,FVC 取值为 0;当 NDVI 大于 0.740304 时,FVC 取值为 1;当 NDVI 在两者之间时,FVC = (b1 − $NDVI_{min}$)/($NDVI_{max}$ − $NDVI_{min}$)。

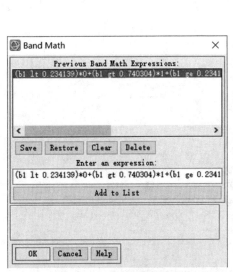

图 2.7　二值化处理

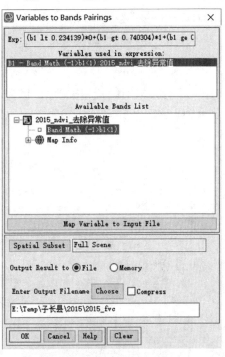

图 2.8　二值化处理波段选择

(5)在弹出的"Variables to Bands Pairings"对话框中,bl 选择"ndvi_"去除异常值图像。设置存储路径,点击"OK",如图 2.8 所示。

在主图像窗口加载上一步得到的植被覆盖度图像,右击选择"Quick Stats"。如图 2.9 所示,NDVI 的最大值为 1,最小值为 0,所以二值化结果正确。

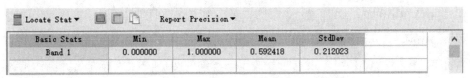

Basic Stats	Min	Max	Mean	StdDev
Band 1	0.000000	1.000000	0.592418	0.212023

图 2.9　显示二值化结果

2.6.3 植被覆盖度分级

注意：为排除背景值被误统计的可能性，可利用陕西省延安市子长县边界矢量数据进行掩膜处理。

(1)本实验以像元二分法计算的植被覆盖度为例。在 ENVI Classic 主图像窗口加载植被覆盖度图像"FVC"，在主图像窗口，点击"Tools"→"Color Mapping"→"Density Slice"，选择图像"FVC"，在弹出的"Density Slice"对话框中点击"Clear Range"按钮清除默认区间。

(2)根据水利部 2008 年颁布的《土壤侵蚀分类分级标准》，将植被覆盖度划分为 5 类，操作如下：点击"Options"→"Add New Ranges"，在弹出的"Add Density Slice"对话框中设置相关参数，将类别设为 5。点击"Edit Range"，分别修改 5 个类别的最大值和最小值，并设置颜色，修改后的结果见图 2.10。

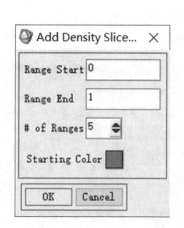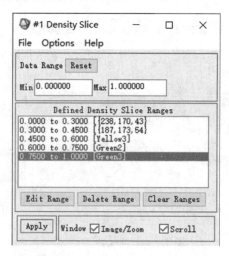

图 2.10　植被覆盖度划分

(3)在"Density Slice"对话框中，点击"Apply"，得到密度分割后的结果(如图 2.11)。点击"File"→"Output Ranges to Class Image"，设置存储路径，点击"OK"，保存密度分割后的图像。

(4)在 ArcMap 中加载上一步密度分割后得到的图像，右击图层，点击"Properties"，在弹出的"Layer Properties"对话框中点击"Symbology"→"Unique Values"，点击"Add All Values"，修改 5 个类别的颜色，点击"确定"，并制作植被覆盖度分级图，并将分级图保存。

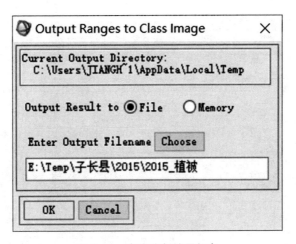

图 2.11　密度分割结果保存

2.7　驱动力分析

以年平均降水量为例,进行驱动力分析。

(1)将获得的政策、气温等进行驱动力分析的数据放置在同一表格中,方便读取所要数据。数据汇总如图 2.12。

	A	B	C	D	E	F	G	H	I	J
1		年平均气温	年降水量(mm)	三北防护林工程（万元)	退耕还林工程（万元)	日照	年降雪量(mm)	地表温度	相对湿度	年平均蒸发量(mm)
2	1995年	10.87	260.67	42459						
3	2000年	11.76	477.07	143682	154075		63.79	11.15	61.47	408.4
4	2005年	11.72	577.08	85231	2404111		21.47	10.65	66.95	512.26
5	2010年	11.94	604.84	284589	2927290	270.67	29.2	10.39	71.51	586.34
6	2015年	11.36	514.71	551846	2752809	318.31	37.83	11.11	67.65	558.33
7	2018年	11.16	668.9	347045	2254055	262.01	42.1	10.6	75.54	680.44

图 2.12　驱动力分析数据汇总

(2)将年平均降水量和年平均 NDVI 的相关数据按照以下格式排列,如图 2.13。

年份	1995年	2000年	2005年	2010年	2015年	2018年
年平均降水量(mm)	260.67	477.07	577.08	604.84	514.71	668.9
年平均NDVI	0.185154	0.151252	0.44867	0.428762	0.465925	0.480334

图 2.13　数据排列格式

(3)选中年平均降水量和年平均 NDVI 两行,在主菜单栏中选择"插入",点击"图表"栏下的"散点图",即可得到相同年份下两个变量之间的散点图。如图 2.14。

	A	B	C	D	E	F	G
11	年平均NDVI	0.185154	0.151252	0.44867	0.428762	0.465925	0.480334
12							
13	年份	1995年	2000年	2005年	2010年	2015年	2018年
14	退耕还林工程（万元）		154075	2404111	2927290	2752809	2254055
15	年平均NDVI	0.185154	0.151252	0.44867	0.428762	0.465925	0.480334
16							
17	年份	1995年	2000年	2005年	2010年	2015年	2018年
18	年平均气温	10.87	11.76	11.72	11.94	11.36	11.16
19	年平均NDVI	0.185154	0.151252	0.44867	0.428762	0.465925	0.480334
20							
21	年份	1995年	2000年	2005年	2010年	2015年	2018年
22	年平均降水量(mm)	260.67	477.07	577.08	604.84	514.71	668.9
23	年平均NDVI	0.185154	0.151252	0.44867	0.428762	0.465925	0.480334
24							
25	年份	1995年	2000年	2005年	2010年	2015年	2018年
26	年平均蒸发量(mm)		408.4	512.26	586.34	558.33	680.44
27	年平均NDVI	0.185154	0.151252	0.44867	0.428762	0.465925	0.480334

图 2.14 制作散点图

（4）点击图中散点，点击右键选择"添加趋势线"，趋势线选择"多项式"，阶数为2，并勾选"显示公式""显示 R 平方值"。

（5）由图我们可以看出，此多项式回归模型的 R^2 为 0.62，大于 0.6，所以两者的相关性较高。它是否是主要因素还需将它和其他的驱动力因素做对比才能确定。

2.8　练习题

（1）根据陕西省延安市子长县 1995 年、2000 年、2005 年、2015 年、2018 年的遥感影像数据，利用像元二分法计算植被覆盖度，并根据植被覆盖度分级标准将二值化后的植被覆盖度分为 5 个级别，制作植被覆盖度分级图。

（2）分析近 25 年内约每隔 5 年子长县的植被覆盖度的变化，对这种变化与政策、气候之间的关系进行驱动力分析。

2.9　实验报告

（1）根据像元二分法计算子长县 1995 年、2000 年、2005 年、2010 年、2015 年、2018 年的植被覆盖度，完成表 2.1。

表 2.1　植被覆盖度统计表

植被覆盖度	1995 年	2000 年	2005 年	2010 年	2015 年	2018 年
低覆盖度						
中低覆盖度						
中覆盖度						
中高覆盖度						
高覆盖度						

（2）根据驱动力分析数据制作影响因素与子长县年平均 NDVI 之间的对应表格，并添加散点图，分析两者之间的关系，完成表 2.2。

表 2.2　NDVI 与影响因素的对应关系

年份	1995 年	2000 年	2005 年	2010 年	2015 年	2018 年
（影响因素）						
年平均 NDVI						

2.10　思考题

（1）比较本实验中陕西省延安市子长县近 25 年内约每隔 5 年的植被覆盖度分级图，分析植被的分布和变化趋势。

（2）为什么用 NDVI 来估算植被覆盖度？除了 NDVI，还有哪些植被指数可以用来计算植被覆盖度？

（3）引起植被覆盖度变化的原因有哪些？这些原因与植被覆盖度的变化有多大的相关关系？

（4）为了提高植被覆盖度的估算精度，可以采用哪些方法？

第二篇
土地利用与覆盖遥感

实验3 永兴岛礁土地利用与覆盖遥感分类及其动态变化分析

3.1 实验要求

根据永兴岛1992—2018年的遥感影像数据,完成下列分析:

(1)对永兴岛各时期的土地覆盖类型进行遥感识别。

(2)统计不同时期各类地貌类型的面积。

(3)计算各时期土地覆盖类型变化的数量,进行年际变化分析。

3.2 实验目标

(1)掌握遥感图像监督分类的方法。

(2)分析土地覆盖类型变化的规律。

3.3 实验软件

ENVI 5.3、ArcGIS 10.2。

3.4 实验区域与数据

3.4.1 实验数据

"1992"文件夹:裁剪后的1992年永兴岛Landsat-5 TM多光谱影像数据。

"1998"文件夹:裁剪后的1998年永兴岛Landsat-5 TM多光谱影像数据。

"2014"文件夹:裁剪后的2014年永兴岛Landsat-8 OLI多光谱影像数据。

"2015"文件夹:裁剪后的2015年永兴岛Landsat-8 OLI多光谱影像数据。

"2018"文件夹:裁剪后的2018年永兴岛Landsat-8 OLI多光谱影像数据。

"土地利用数据处理"文件夹:实验中产生的过程数据。

"矢量边界"文件夹:研究区域的矢量边界数据。

3.4.2　实验区域

永兴岛位于北纬 16°50′,东经 112°20′,属于中国西沙群岛东部的宣德群岛,最近的岛礁位于北方四海里的七连屿。永兴岛是三沙市政府的驻地。永兴岛地势平坦,四周沙堤环绕,岛中部低地是潟湖干涸后而形成的。该岛位于西沙群岛中部,正好处于西沙群岛、南沙群岛和中沙群岛的枢纽位置,在南海的战略地位很重要。由于扩建,石岛与永兴岛连成一体,最高海拔在石岛,有近 16米,是南海最高的地方。

3.5　实验原理与分析

土地覆盖是指地球表面的自然状态,有森林、草地、农田等。遥感可直接得到土地覆盖信息,土地覆盖遥感分类方法主要有基于统计理论的分类、基于 GIS辅助信息的分类和基于知识的分层分类等。

【实验要求 1】区分永兴岛的土地覆盖类型。本实验根据研究区域的特点和全国土地覆盖分类体系,将土地覆盖类型分成 6 类,分别为潟湖、林地、建设用地、机场、码头/沙地、岛礁。

【实验要求 2】通过统计不同时期的地物面积来计算土地利用的转移矩阵,计算公式为 $LC_j = k \times LC_i$,本公式反映在一定时间间隔内,土地利用类型 i 转化为 j 类型的数量。其中,C_i 指区域内第 i 级土地利用程度分级面积百分比。

【实验要求 3】通过转移矩阵计算出各时期土地覆盖类型的面积,进行年际变化分析。

3.6　实验步骤

3.6.1　辐射定标

(1)打开 ENVI 软件,在 ENVI 主菜单中点击"File"→"Open",选择数据"LT_1992_MTL. txt",点击"OK"打开。该数据分为两个数据集:多光谱数据和热红外数据。如图 3.1。

(2)在 ENVI 工具箱点击"Radiometric Correction"→"Radiometric Calibration",在弹出的对话框中选择定标的文件,点击"OK"。

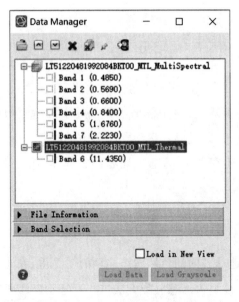

图 3.1 "Date Manager"面板

(3)在弹出的"Radiometric Calibration"对话框中,点击"Apply FLAASH Settings"按钮。为了让定标的辐射亮度值符合 FLAASH 大气校正工具的数据要求,相关参数设置如下:Calibration Type(定标类型)为 Radiance(辐射亮度值);Output Interleave(输出储存顺序)为 BIL(按行顺序存储);Output Data Type(输出数据类型)为 Float(浮点型);Scale Factor(缩放系数)为 0.10。如图 3.2。

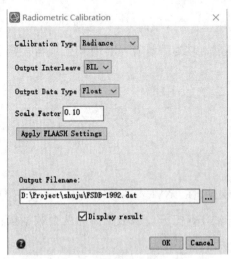

图 3.2 辐射定标参数设置

(4)设置参数后,选择输出路径和文件名,点击"OK"。(注意数据存储路径不要太深且文件名最好不要出现中文,下述保存步骤均是如此。)

（5）通过定标以后,可以查看定标后的 DN 值,如图3.3。

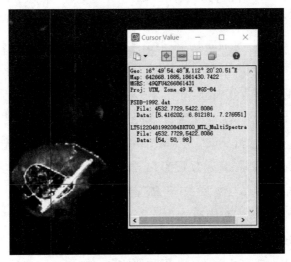

图3.3　辐射定标结果

3.6.2　大气校正

（1）在 ENVI 工具箱中点击"Radiometric Correction"→"Atmospheric Correction Module"→"FLAASH Atmospheric Correction",打开标准输入参数设置面板。

（2）输入辐射亮度文件。点击"Input Radiance Image"按钮,在弹出的对话框中选择辐射定标后的数据,点击"OK"。由于经过了单位换算,在弹出的"Radiance Scale Factors"对话框中选择"Use single scale factor for all bands（Single scale factor:1.000000)",点击"OK"。

（3）点击"Output Reflectance File"按钮,选择反射率数据输出目录及文件名;点击"Output Directory for FLAASH Files"按钮,设置大气校正其他输出结果存储路径,如水汽反演结果、云分类结果和日志等。

（4）Scene Center Location（图像中心经纬度）会自动获取;Sensor Type（传感器类型）选择辐射亮度图像对应的传感器类型"Multispectral"→"Landsat TM5";Sensor Altitude（传感器飞行高度）和 Pixel Size（像素大小）在选择航天传感器时,值自动添加;Ground Elevation（区域平均海拔）可通过已知的 DEM 数据获取为 0.000000124;Flight Date（成像日期）和 Flight Time GMT（成像时间）通过找到 ENVI 的"Layer Manager"中的辐射定标后的数据,单击右键选择"View Metadata"→"Time"获取。

（5）Atmospheric Model（大气模型）选择 Tropical（热带）。ENVI 提供 6 种标准 MODTRAN 大气模型：Sub-Arctic Winter（亚极地冬季）、Mid-Latitude Winter（中纬度冬季）、U. S. Standard（美国标准大气模型）、Sub-Arctic Summer（亚极地夏季热带）、Mid-Latitude Summer（中纬度夏季）和 Tropical（热带）。可以通过季节—纬度信息选择大气模型。

（6）Water Retrieval（水汽反演）。多光谱数据由于缺少相应的波段和光谱分辨率太低，不执行水汽反演，在 Water Column Multiplier 选项中输入一个固定水汽含量值的乘积系数（默认为 1.00）。

（7）Aerosol Model（气溶胶模型）选择 Maritime（海面）。

ENVI 提供 5 种气溶胶模型。

No Aerosol（无气溶胶）：不考虑气溶胶影响。

Rural（乡村）：没有城市和工业影响的地区。

Urban（城市）：混合 80% 的乡村气溶胶和 20% 的烟尘的气溶胶，适合高密度城市或工业地区。

Maritime（海面）：海平面或者受海风影响的大陆区域，混合了海雾和小粒乡村气溶胶。

Tropospheric（对流层）：应用于平静、干净条件下（能见度大于 40 千米）的陆地，只包含微小成分的乡村气溶胶。

（8）Aerosol Retrieval（气溶胶反演）选择 2-Band（K-T）（使用 K-T 气溶胶反演方法）。Initial Visibility（初始能见度）按照默认设置。

（9）点击"Multispectral Settings"按钮，弹出多光谱设置面板（如图 3.4 所示），选择设置方式为图形方式（GUI），参数设置面板为"Kaufman-Tanre Aerosol Retrieval"，K-T 反演选择默认模

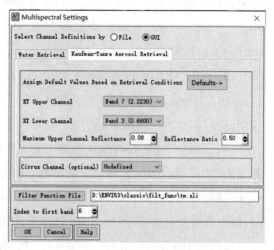

图 3.4　多光谱参数设置

式"Defaults-"→"Over-Land Retrieval standard(600:2100 nm)",其他参数按照默认设置,点击"OK"。

(10)点击"Advanced Settings"按钮,弹出高级设置面板,根据内存大小设置Tile Size(Mb)为100(8 GB 物理内存),其他参数默认,点击"OK"。如图 3.5 所示。

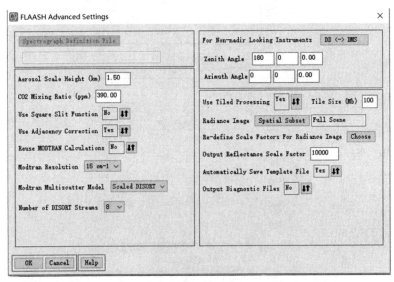

图 3.5　高级参数设置

(11)所有参数设置完成后,点击"Apply"执行 FLAASH 校正。

(12)运行完后得到能见度和平均水汽柱,如图 3.6 所示。

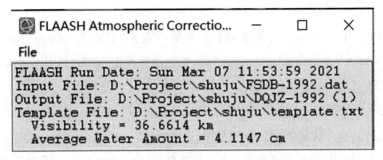

图 3.6　能见度和水汽柱反演结果

(13)在 ENVI 主界面中点击"Display"→"Profiles"→"Spectral",可以查看图像的波谱曲线,如图 3.7 所示。

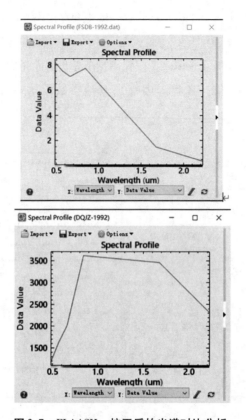

图 3.7　FLAASH　校正后的光谱对比分析

（上图：大气校正前辐射率图像　下图：大气校正后的反射率图像）

3.6.3　图像裁剪

（1）打开 ENVI 软件，在 ENVI 主菜单中点击"File"→"Open"，选择数据 "DQJZ-1992"，点击"OK"。打开永兴岛矢量边界数据，点击"File"→"Open"，选择矢量数据（.shp），点击"OK"。

（2）在 ENVI 工具箱中点击"Regions of Interest"→"Subset Data from ROIs"，在弹出对话框中选择需要裁剪的数据，点击"OK"。

（3）在弹出的"Spatial Subset via ROI Parameters"面板中设置以下参数（如图 3.8）：Select Input ROIs（在 ROI 列表中）选择矢量文件（.shp）；Mask pixels outside of ROI（是否掩膜多边形外的像元）选择 Yes；Mask Background Value（裁剪背景值）设为 0。

（4）点击"Choose"按钮，选择输出路径和文件名，点击"OK"。

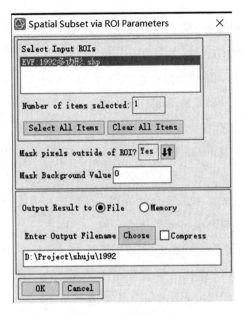

图3.8　裁剪参数设置

3.6.4　监督分类

（1）打开裁剪后的永兴岛影像数据，在 ENVI 主界面中的图层管理器（Layer Manager）中，在裁剪后的数据上点右键选择"New Region of Interest"，打开"ROI Tool"对话框。

（2）在"ROI Name"内输入样本名称，如潟湖；点击倒三角（■▼）选择样本颜色。

（3）在"Geometry"选项中，选择多边形类型按钮 ，在图像窗口中单击鼠标左键绘制感兴趣区。当绘制结束时，可以双击鼠标左键完成一个感兴趣区的绘制，或者点右键选择以下其中一个选项：

Complete and Accept Polygon：结束一个多边形的绘制。

Complete Polygon：确认感兴趣区的绘制，可以用鼠标移动位置或者编辑节点。

Clear Polygon：放弃当前绘制的多边形。

（4）用同样的方法在图像别的区域绘制样本，使样本尽量均匀地分布在整个图像上。

（5）单击![ROI按钮]按钮可以新建一个训练样本种类,重复上述步骤（2）（3）（4）,可完成所有地貌的 ROI 绘制。

（6）计算样本的可分离性。在"Region of Interest（ROI）Tool"面板,选择"Options"→"Compute ROI Separability",在弹出的"Choose ROIs"面板中勾选全部样本,点击"OK"。

（7）用 Jeffries‐Matusita 和 Transformed Divergence 参数表示各个样本类型之间的可分离性,两个参数的值在 0 和 2.0 之间。参数的值大于 1.9 说明样本之间的可分离性好,该样本属于合格样本;小于 1.8 时需要编辑样本或者重新选择样本;小于 1 时应考虑将两类样本合成一类样本。

（8）在"Region of Interest（ROI）Tool"面板,选择"File"→"Save As",在弹出的"Save ROIs to .XML"面板中勾选全部样本,选择输出路径及文件名,将所有训练样本保存为外部文件,点击"OK"。

（9）执行监督分类。根据分类的复杂度、精度需求等选择一种分类器（如图3.9）,这里选择支持向量机分类方法。

分 类 器	说 明
平行六面体 （Parallelpiped）	根据训练样本的亮度值形成一个 n 维的平行六面体数据空间, 其他像元的光谱值如果落在平行六面体任何一个训练样本所对应的区域, 就被划分其对应的类别中。平行六面体的尺度是由标准差阈值所确定的, 而该标准差阈值则根据所选类的均值求出
最小距离 （Minimum Distance）	利用训练样本数据计算出每一类的均值向量和标准差向量, 然后以均值向量作为该类在特征空间中的中心位置, 计算输入图像中每个像元到各类中心的距离, 到哪一类中心的距离最小, 该像元就归入哪一类
马氏距离 （Mahalanobis Distance）	计算输入图像与各训练样本的马氏距离 （一种有效的计算两个未知样本集的相似度的方法）, 最终统计马氏距离最小的, 即为此类别
最大似然 （Likelihood Classification）	假设每一个波段的每一类统计都呈正态分布, 计算给定像元属于某一训练样本的似然度, 像元最终被归并到似然度最大的一类当中
神经网络 （Neural Net Classification）	指用计算机模拟人脑的结构, 用许多小的处理单元模拟生物的神经元, 用算法实现人脑的识别、记忆、思考过程应用于图像分类
支持向量机 （Support Vector Machine Classification）	支持向量机分类 （SVM） 是一种建立在统计学习理论 （Statistical Learning Theory, SLT） 基础上的机器学习方法。SVM 可以自动寻找那些对分类有较大区分能力的支持向量, 由此构造出分类器, 可以将类与类之间的间隔最大化, 因而有较好的推广性和较高的分类准确率

图3.9 分类方法

（10）在工具箱中选择"Classification"→"Supervised Classification"→"Support Vector Machine Classification"，在弹出的对话框中选择待分类的影像，点击"OK"。

（11）选择全部样本，按照默认设置参数，选择输出路径和文件名，点击"OK"如图3.10。

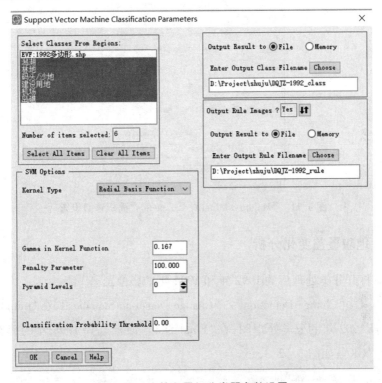

图3.10　支持向量机分类器参数设置

（12）应用监督分类得到的分类结果中不可避免地会产生一些面积很小的图斑，需要对这些小图斑进行剔除或重新分类，这里选择 Majority/Minority 分析。在工具箱中选择"Classification"→"Post Classification"→"Majority/Minority Analysis"，在弹出的对话框中选择上一步的分类结果，点击"OK"。

（13）在"Majority/Minority Parameters"面板中，点击"Select All Items"选中所有的类别，其他参数按照默认设置，点击"Choose"按钮设置输出路径，点击"OK"，如图3.11所示。（Kernel Size 为变换核的大小，必须是奇数且不必为正方形。变换核越大，分类图像越平滑。）

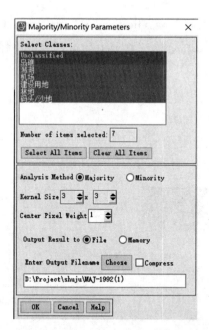

图3.11 "Majority/Minority Parameters"**面板参数设置**

3.6.5 地貌覆盖变化分析

(1)打开分类处理后的1992年和1994年的影像图。

(2)点击"Change Detection"→"Change Detection Statistics",在"initial state"面板选择1992年的分类处理图,在"Final State"面板选择1998年的分类处理图,点击"OK",如图3.12、3.13。

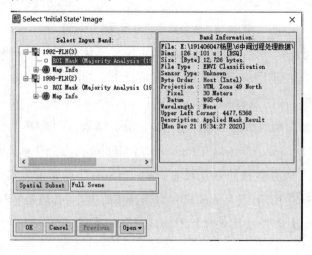

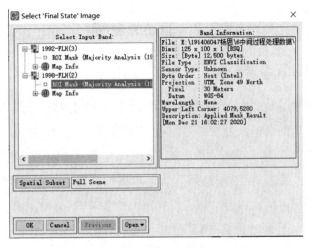

图3.12　定义前后时相的同一类别

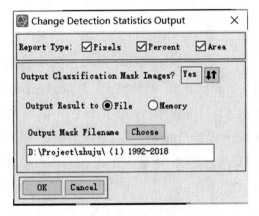

图3.13　结果输出面板

（3）得到1992—1998年的土地转移矩阵结果，如图3.14。

Change Detection Statistics (Initial State: 1992-FLH(3), Final State: 1998-FLH(2))

File　Options　Help

Pixel Count　Percentage　Area (Square Meters)　Reference

		Initial State							
		岛礁	码头/沙地	机场	建设用地	林地	潟湖	Row Total	Class Total
Final State	Unclassified	656	11	0	0	0	75	742	1786
	岛礁	4421	322	23	128	219	86	5199	5669
	码头/沙地	481	110	16	32	64	0	703	710
	机场	126	117	81	13	19	0	356	356
	建设用地	211	296	23	71	446	0	1047	104
	林地	367	143	2	14	173	0	699	699
	潟湖	44	4	12	43	98	13	214	219
	Class Total	6306	1003	157	301	1019	174		
	Class Changes	1885	893	76	230	846	161		
	Image Difference	-637	-293	199	746	-320	45		

图3.14　变化统计结果

3.7 驱动力分析

3.7.1 地理位置因素

西沙群岛地处海南岛和南沙群岛、中沙群岛之间,是由我国大陆或海南岛去南沙或黄岩岛的必经之处和中间跳板,因此建设、经营好西沙,把西沙作为我们进出中沙群岛和南沙群岛的桥头堡,不但对发展三沙的经济有重大作用,更对我们控制整个南海、保卫南海国际航运水道的安全、维护地区稳定及在不远的将来收复被侵占的南沙各岛礁有极其重大的意义,其作用是其他岛群所不能比拟的。永兴岛是西沙群岛、南沙群岛、中沙群岛三个群岛的经济、军事、政治中心,位于西沙群岛中部,地势平坦、四周沙堤环绕,正好处于西沙群岛、南沙群岛和中沙群岛的枢纽位置。

3.7.2 交通因素

永兴岛因建设完善,风景优美,且距离大陆较近,是南海最有可能开发为旅游岛的地方。而在南沙群岛开发旅游比永兴岛更困难,因为距离更远,基础建设不及永兴岛完善,淡水及物资的运送也很难满足旅游岛的需求。永兴岛上还建设有机场,机场跑道达 3000 米,可起降大型飞机,有可停靠大型船舶的码头,交通也十分便利。

3.7.3 政策因素

永兴岛是三沙市人民政府和众多上级派出机构、市级单位以及永兴工委管委驻地。岛上有政府大楼、学校、银行、邮局、医院、商店、宾馆、图书馆、机场、码头港口、气象站、驻军基地等。

2013 秋冬至 2014 年,永兴岛实行了两年填海造陆。永兴岛在填海工程完成之后,将设立各种远程探测雷达、无线电、雷达信号的监听站等。

2013 年 7 月,永兴岛综合码头一期交付,该项目共建成了 9 个码头泊位,总投资 3.395 亿元,这将大大提升和完善码头的综合保障功能,为三沙行政管辖、物资补给、陆岛交通和综合执法等活动提供一个综合保障平台。

作为三沙市的主体所在,永兴岛的建设一直是南海开发的重点,国家在南海持续投入大量资金、设备、人员对其进行建设。

3.8　练习题

（1）对永兴岛其他时期的影像数据进行辐射定标、大气校正。

（2）将地貌分为6类，用监督分类的支持向量机法对永兴岛其他年份的数据进行分类。

（3）统计永兴岛各类用地占比年际变化情况。

（4）统计永兴岛各类用地面积年际变化情况。

3.9　实验报告

（1）根据监督分类的支持向量机法对实验区域的影像进行地物分类，完成表3.1。

表3.1　永兴岛各类用地占比年际变化情况

地类 ＼ 年份	1992	1998	2014	2015	2018
潟湖					
林地					
建设用地					
机场					
码头/沙地					
岛礁					

（2）根据监督分类的支持向量机法对实验区域的影像进行地物分类，完成表3.2。

表3.2　永兴岛各类用地面积年际变化情况

地类 ＼ 年份	1992	1998	2014	2015	2018
潟湖					
林地					
建设用地					
机场					
码头/沙地					
岛礁					

3.10　思考题

(1)在进行 FLAASH 大气校正参数设置时,要注意哪些因素?

(2)在绘制地物 ROI 时,要注意哪些因素?

(3)在执行监督分类时,影响分类精度的因素有哪些?

(4)什么是土地利用转移矩阵?

实验4　长江、黄河入海口地区近20年土地利用与覆盖变化分析

4.1　实验要求

利用 GlobeLand 30 土地利用分类数据完成以下分析：

（1）计算长江入海口和黄河入海口 2000 年到 2020 年的土地利用动态度、开发度和耗减度。

（2）掌握计算土地利用转移矩阵的步骤，获得各类地物的变化量，然后在 Excel 中进行图表分析。

（3）对研究区域 20 年来的土地变化进行驱动力分析，分析驱动力之间的相关性。

4.2　实验目标

（1）掌握 GlobeLand 30 土地分类数据处理方法。

（2）掌握计算土地利用转移矩阵的过程。

（3）掌握土地利用分析、土地利用度分析、驱动力分析的方法。

（4）掌握和分析土地利用覆盖变化规律。

4.3　实验软件

ENVI 5.3、ArcGIS 10.2、Excel。

4.4　实验区域与数据

4.4.1　实验数据

"裁剪后的数据"→"土地利用预处理后裁剪数据"文件夹：

黄河入海口裁剪土地利用覆盖数据：2000clip1、2010clip1、2020clip1。

长江入海口裁剪土地利用覆盖数据：2000cj、2010cj、2020cj。

"过程数据"文件夹:data。

"辅助数据"→"黄河入海口边界"文件夹:黄河入海口边界矢量数据。

"辅助数据"→"长江入海口边界"文件夹:长江入海口边界矢量数据。

"辅助数据"→"各类统计表"文件夹:

变化监测数据:长江入海口黄河入海口土地利用变化监测表。

上海市东营市GDP、人口统计数据:上海市东营市GDP、人口统计表。

4.4.2　实验区域

长江为我国第一大河。长江的入海口,是我国第一大河口,世界第三大河口,入海口的经纬度是东经121°,北纬31°。长江口,是指长江在东海入海口的一段水域,从江苏江阴鹅鼻嘴起,到入海口的鸡骨礁为止,长约232公里。长江口平面呈喇叭形,窄口端江面宽5.8公里,宽口江面宽90公里。在长江口的一段长江干流,汇入的较大支流有黄浦江、浏河、练祁河等,是一段由岛屿、沙洲分割的多支汊河段,主要由北支、南支、北港、南港、北槽、南槽等构成。现代地理形势最终形成于20世纪初,并且有继续延伸的态势。长江口是长江出海和远洋航运的口门,航道、港口众多,给上海市及江苏东部的经济繁荣奠定了基础,自20世纪初开始,长江口区域经济飞速发展,逐渐成为中国经济发展最快的地区之一。

黄河入海口,位于山东省东营市垦利区黄河口镇境内,地处渤海与莱州湾的交汇处,1855年黄河决口改道而成。由于黄河入海口的淤积—延伸—摆动,入海流路相应地改道变迁。如今的黄河河口入海流路,是1976年人工改道后经清水沟淤积塑造的新河道,利津以下为黄河河口段,是一个弱潮陆相河口。

4.5　实验原理与分析

4.5.1　土地利用转移矩阵

利用土地流动矩阵是研究土地变化类型互相变化、方向变化的定量方法。同时,土地流动矩阵可以具体地体现土地利用的变化类型特征和各类型土地利用空间变化的实际转移方向,最后可以很好地阐明土地利用模式的时空进化过程。本实验主要利用土地转移矩阵来分析研究区域从2000年到2020年的土地利用类型的变化方向和数量。公式如下:

$$S_{ij} = \begin{bmatrix} S_{11} & \cdots & S_{1n} \\ \vdots & \ddots & \vdots \\ S_{n1} & \cdots & S_{nn} \end{bmatrix}. \quad (i,j=1,2,\cdots,n) \tag{4.1}$$

式中：S_{ij} 为研究区域内第 i 类土地向第 j 类土地转化的面积区域（km^2）；i 为监测期初时土地类型；j 为监测期末时土地利用类型；n 为土地利用类型数量。

4.5.2　土地利用动态度

土地利用动态变化分析常用土地利用动态度（LUDI）来表示，土地利用动态度可以从整体上反映土地利用变化的程度，并对预测未来土地利用变化趋势有积极作用。它包括单一土地利用动态度和综合土地利用动态度。单一土地利用动态度的表达式如下：

$$LUDI = \frac{U_b - U_a}{U} \times \frac{1}{T} \times 100\%. \tag{4.2}$$

式中，LUDI 为研究时段内某一土地利用类型的动态度指数。当 T 以年为单位进行时段划分时，T 值表示研究区域内某一土地利用类型的年均动态指数。U 为研究区域的总面积。通过土地利用动态度的计算，可定量描述区域内土地利用的平均变化速度。

4.5.3　土地利用开发度

土地利用开发度（LUD）表达的是单位时间内某一种土地利用类型实际新开发的程度。其表达式如下：

$$LUD = \frac{U_{ab}}{U_a} \times \frac{1}{T} \times 100\%. \tag{4.3}$$

式中：LUD 为 a 时刻到 b 时刻某一种土地利用类型的开发度；U_{ab} 为 a 时刻到 b 时刻某一种土地利用类型的转入面积；U_a 为 a 时刻某一种土地利用类型的面积；T 为 a 时刻到 b 时刻的研究时长。

4.5.4　土地利用耗减度

土地利用耗减度（LUC）表达的是单位时间内某类型土地利用被实际消耗的程度。其表达式如下：

$$\text{LUC} = \frac{C_{ab}}{U_a} \times \frac{1}{T} \times 100\% . \qquad (4.4)$$

式中:LUC 为 a 时刻到 b 时刻某一种土地利用类型的耗减度;C_{ab} 为 a 时刻到 b 时刻某一种土地利用类型的转出面积;U_a 为 a 时刻某一种土地利用类型的面积;T 为 a 时刻到 b 时刻的研究时长。

4.6 实验步骤

4.6.1 计算土地利用转移矩阵的步骤

1.新建色带

(1)打开 ENVI 5.3,点击"File"→"Open",加载数据,如图 4.1 所示。右击原始数据,点击"New Raster Color Sice"→"Band 1"→"OK",新建色带。

图 4.1 选择数据

(2)GlobeLand 30 数据共包括 10 个类型,分别是耕地、林地、草地、灌木地、湿地、水体、苔原、人造地表、裸地冰川和永久积雪,以表 4.1 为依据重新分类,本实验中定义代码 100~255 为海洋;如图 4.2 所示,在"Edit Raster Color Slices: Raster Color Slice"面板中单击红色框内的按钮新建色带,将默认色带删除,在"Num Slices"输入 8。

表 4.1　GlobeLand 30 分类系统

类型	内容	代码
耕地	用于种植农作物的土地,包括水田、灌溉旱地、雨养旱地、菜地、牧草种植地、大棚用地、以种植农作物为主间有果树及其他经济乔木的土地,以及茶园、咖啡园等灌木类经济作物种植。	10
林地	乔木覆盖且树冠盖度超过 30% 的土地,包括落叶阔叶林、常绿阔叶林、落叶针叶林、常绿针叶林、混交林,以及树冠盖度为 10% ~ 30% 的疏林地。	20
草地	天然草本植被覆盖,且盖度大于 10% 的土地,包括草原、草甸、稀树草原、荒漠草原,以及城市人工草地等。	30
灌木地	灌木覆盖且灌丛盖度高于 30% 的土地,包括山地灌丛、落叶和常绿灌丛,以及荒漠地区盖度高于 10% 的荒漠灌丛。	40
湿地	位于陆地和水域的交界带,有浅层积水的土地或土壤过湿的土地,多生长有沼生植物或湿生植物,包括内陆沼泽、湖泊沼泽、河流洪泛湿地、森林/灌木湿地、泥炭沼泽、红树林、盐沼等。	50
水体	陆地范围液态水覆盖的区域,包括江河、湖泊、水库、坑塘等。	60
苔原	寒带及高山环境下由地衣、苔藓、多年生耐寒草本和灌木植被覆盖的土地,包括灌丛苔原、禾本苔原、湿苔原、高寒苔原、裸地苔原等。	70
人造地表	由人工建造活动形成的地表,包括城镇等各类居民地、工矿、交通设施等,不包括建设用地内部的连片绿地和水体。	80
裸地	植被覆盖度低于 10% 的自然覆盖土地,包括荒漠、沙地、裸岩、石砾、盐碱地等。	90
冰川和永久积雪	由永久积雪、冰川和冰盖覆盖的土地,包括高山地区永久积雪、冰川,以及极地冰盖等。	100

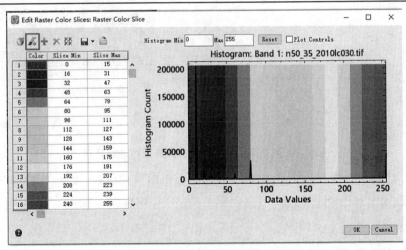

图 4.2　选择新建色带

（3）在"Edit Raster Color Slices：Raster Color Slice"面板中重新建立色带并设置为唯一值对应，如图4.3、图4.4所示。

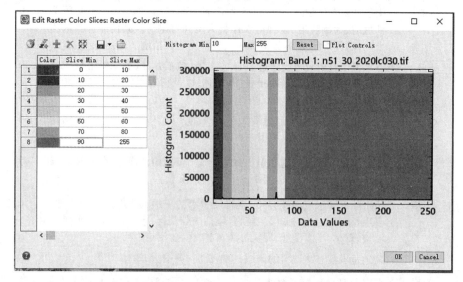

图4.3　对长江入海口的相关数据重新进行分类

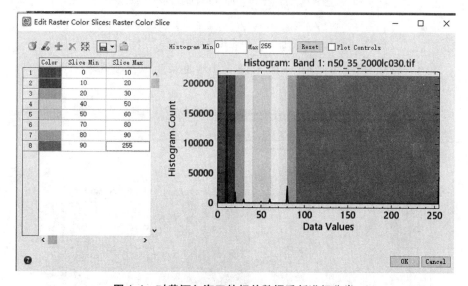

图4.4　对黄河入海口的相关数据重新进行分类

（4）右击数据 Slices，点击"Export Color Slices"→"Class image"，选择路径，点击"OK"，导出 Class 文件。

2.重建色带命名

（1）用 ENVI Classic 打开上面步骤导出的数据。

（2）右击数据选择"File"→"Edit Header"，然后选择"Edit Attributes"→"Classification Info"，在"Number of Classes"处输入9。

（3）如图4.5所示，点击"Class Name"，编辑地类名称，设置各地类名称分别为耕地、林地、草地、灌木地、湿地、水体、建筑用地、海洋。设置忽略背景值为0。用同样的方法对2010年的数据进行处理。

3. 数据裁剪

（1）在ENVI中打开处理好的数据进行裁剪，在"Toolbox"中点击"Classification"→"Regions of Interest"→"Subset Data from ROIs"，在"Select Input File to Subset via ROI"面板中选择要裁剪的数据，然后点击"OK"，如图4.6所示。

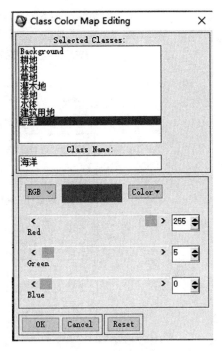

图4.5 进行地类命名

（2）如图4.7所示，选择文件"New_Shapefile（2）"，选择保存路径，点击"OK"。同理，获取其他年份裁剪后的数据。

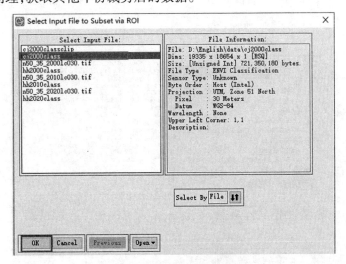

图4.6 选择需要裁剪的数据

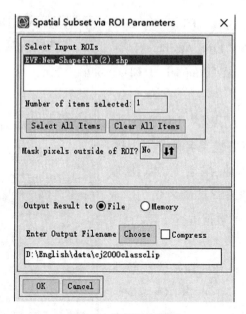

图 4.7 选择保存路径

4. 导出转移矩阵

(1)将长江口裁剪后的 2000 年、2010 年数据加载进 ENVI,选择工具搜索栏,搜索"Change Detection Statistics"。

(2)计算土地利用转移矩阵。由于 ENVI 计算出的转移矩阵是反向的,因此先选"cj2010classclip",后面选"cj2000classclip",如图 4.8 和图 4.9 所示。

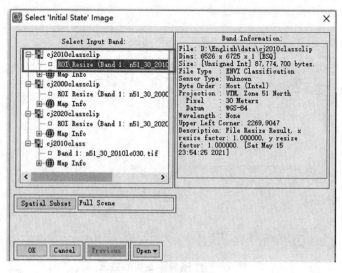

图 4.8 先选择的数据

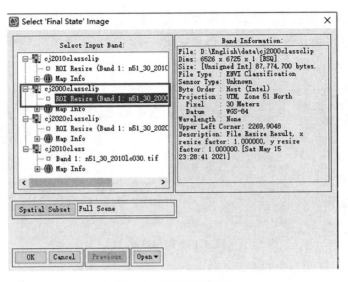

图4.9 后选择的数据

（3）如图所示，在"Define Equivalent Classes"面板中让两个年份的各地类一一对应，点击"OK"，然后在"Change Detection Statistics Output"面板中选择保存路径，如图4.10和图4.11所示。

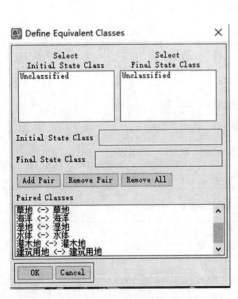

图4.10 选择地物类型

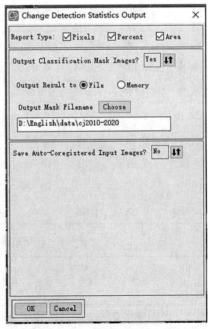

图4.11 选择保存路径

（4）如图 4.12 所示，点击“File”→“Save to Text File”保存转移矩阵表格；用同样的方法处理其余数据，得到 TXT 文件。

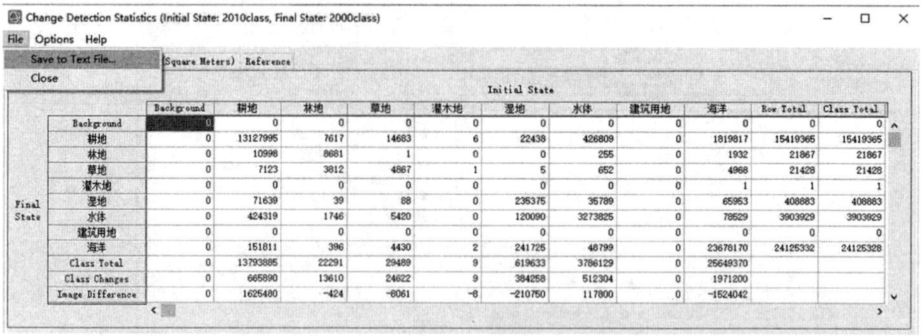

	Background	耕地	林地	草地	灌木地	湿地	水体	建筑用地	海洋	Row Total	Class Total
Background	0	0	0	0	0	0	0	0	0	0	0
耕地	0	13127995	7617	14683	6	22438	426809	0	1819817	15419365	15419365
林地	0	10998	8681	1	0	0	255	0	1932	21867	21867
草地	0	7123	3812	4867	1	5	652	0	4968	21428	21428
灌木地	0	0	0	0	0	0	0	0	1	1	1
湿地	0	71639	39	88	0	235375	35789	0	65953	408883	408883
水体	0	424319	1746	5420	0	120090	3273825	0	78529	3903929	3903929
建筑用地	0	0	0	0	0	0	0	0	0	0	0
海洋	0	151811	396	4430	2	241725	48799	0	23678170	24125332	24125328
Class Total	0	13793885	22291	29489	9	619633	3786129	0	25649370		
Class Changes	0	665890	13610	24622	9	384258	512304	0	1971200		
Image Difference	0	1625480	-424	-8061	-8	-210750	117800	0	-1524042		

图 4.12　转移矩阵

5. 在 Excel 中制作图表

（1）将文件“长江口 00～10. txt”中的 Percentages 表和 Area（Square Meters）表导入 Excel 中制作图表。表 4.2、表 4.3 为长江口 2000—2010 年的转移矩阵。

表 4.2　转移矩阵（Percentages）

2000 \ 2010	耕地	林地	草地	灌木地	湿地	水体	建筑地	海洋
耕地	95.17	34.17	49.79	66.67	3.62	11.27	39.65	0.00
林地	0.08	38.94	0.00	0.00	0.00	0.01	0.04	0.00
草地	0.05	17.10	16.50	11.11	0.00	0.02	0.11	0.00
灌木地	0.00	0.00	0.00	0.00	0.00	0.00	0.00	0.00
湿地	0.52	0.18	0.30	0.00	37.99	0.95	0.41	0.22
水体	3.08	7.83	18.38	0.00	19.38	86.47	1.69	0.00
建筑地	1.07	0.35	10.59	22.22	0.02	0.56	58.03	0.00
海洋	0.03	1.43	4.43	0.00	38.99	0.72	0.06	99.77

表 4.3　转移矩阵 Area（Square Meters）

2000 \ 2010	耕地	林地	草地	灌木地	湿地	水体	建筑地	海洋
耕地	11815195500	6855300	13214700	5400	20194200	384128100	1637254800	580500
林地	9898200	7812900	900	0	0	229500	1573200	165600

续表4.3

2000＼2010	耕地	林地	草地	灌木地	湿地	水体	建筑地	海洋
草地	6410700	3430800	4380300	900	4500	586800	4427100	44100
灌木地	0	0	0	0	0	0	900	0
湿地	64475100	35100	79200	0	211837500	32210100	17043300	42314400
水体	381887100	1571400	4878000	0	108081000	2946442500	69904800	771300
建筑用地	133096500	70200	2811600	1800	118800	19233000	2396129400	23400
海洋	3533400	286200	1175400	0	217433700	24686100	2558700	18911638800

（2）根据转移矩阵，制作各地类转换占比图，首先选中2000年、2010年土地利用转移矩阵（Percentages），在Excel中点击"插入"→"柱形图"，在二维柱形图里选中百分比堆积柱形图，这样就得到了长江口2000—2010年的转移矩阵和转换占比，如图4.13所示。用同样的方法获得长江口2010—2020年和黄河口2000—2010年、2010—2020年的转移矩阵和各地类转换占比图，（a）为黄河入海口2000—2010年转换占比图；（b）为黄河入海口2010—2020年转换占比图；（c）为长江入海口2000—2010年转换占比图；（d）为长江入海口2010—2020年转换占比图。

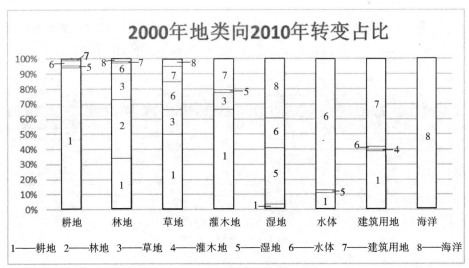

图4.13 地类转换占比图

6. 数据分析

(1)年际变化分析。如图 4.14 所示，用长江口 2000 年的耕地面积（13877428500）除以长江口总面积（39510722700），得到 2000 年耕地的占比（35.12%），也就得到了年际变化情况。用同样的方法得到其他地类占比。

		B3	▼	fx	=B14/C15		

安全警告 部分活动内容已被禁用。单击此处了解详细信息。 启用内容

	A	B	C	D	E	F	G
1	长江口各类用地占比年际变化情况（Percentages）						黄河口
2	年份 / 地类	2000	2005	2010	2015	2020	
3	耕地	35.12%	33.27%	31.42%	29.42%	27.42%	
4	林地	0.05%	0.05%	0.05%	0.19%	0.33%	
5	草地	0.05%	0.06%	0.07%	0.23%	0.38%	
6	灌木地	0.00%	0.00%	0.00%	0.00%	0.00%	
7	湿地	0.93%	1.17%	1.41%	1.42%	1.42%	
8	水体	8.89%	8.76%	8.62%	8.57%	8.52%	
9	建筑用地	6.46%	8.45%	10.45%	12.47%	14.50%	
10	海洋	48.50%	48.24%	47.98%	47.18%	46.39%	
11							
12	长江口各类用地面积年际变化情况 Area (Square Meters) 总面积：39510722700平方米						
13	年份 / 地类	2000	2005	2010	2015	2020	
14	耕地	13877428500	13145962500	12414496500	10155276281	10832294700	
15	林地	19680300	19871100	20061900	121233375	129315600	39510722700
16	草地	19285200	22912650	26540100	142330500	151819200	
17	灌木地	900	4500	8100	920531	981900	
18	湿地	367994700	462832200	557669700	527735250	562917600	
19	水体	3513536100	3460526100	3407516100	3156343875	3366766800	
20	建筑用地	2551484700	3340188450	4128892200	5370410531	5728437900	
21	海洋	19161312300	19058425200	18955538100	17184781125	18330433200	
22							

图 4.14　年际变化

(2)土地利用动态度。如图 4.15 所示，将 2020 年的面积减去 2000 年的面积除以总面积再除以年份（20 年）乘以 100%，得到土地利用动态度。

		D3	▼	fx	=(C3-B3)/39510722700*(1/20)*100%	

	A	B	C	D
1	2000、2020年长江入海口各类用地面积年际变化情况 Area (Square Meters) 总面积：39510722700平方米			
2	土地利用类型	2000年	2020年	单一土地利用动态度
3	耕地	13877428500	10832294700	-0.39%
4	林地	19680300	129315600	0.01%
5	草地	19285200	151819200	0.02%
6	灌木地	900	981900	0.00%
7	湿地	367994700	562917600	0.02%
8	水体	3513536100	3366766800	-0.02%
9	建筑用地	2551484700	5728437900	0.40%
10	海洋	19161312300	18330433200	-0.11%

图 4.15　计算动态度

（3）土地利用开发度分析。如图4.16所示，在土地利用开发度一栏输入公式可获得，然后选中土地利用类型一列和土地利用开发度一列数据进行出图。

E3		fx	=D3/B3*1/20*100%	
	A	B	C	D	E
1	2000、2020年长江入海口各类用地面积年际变化情况 Area (Square Meters) 总面积：39510722700平方米				
2	土地利用类型	2000年	2020年	2000-2020年变化幅度	土地利用开发度(LUD)
3	耕地	13877428500	10832294700	-3045133800	-1.10%
4	林地	19680300	129315600	109635300	27.85%
5	草地	19285200	151819200	132534000	34.36%
6	灌木地	900	981900	981000	5450.00%
7	湿地	367994700	562917600	194922900	2.65%
8	水体	3513536100	3366766800	-146769300	-0.21%
9	建筑用地	2551484700	5728437900	3176953200	6.23%
10	海洋	19161312300	18330433200	-830879100	-0.22%

图 4.16　计算开发度

（4）土地利用耗减度。用2000年各地类面积一列减去2020年一列得到2000—2020年各地类面积变化幅度，然后根据实验原理中公式（4.4）在土地利用耗减度一列计算出耗减度，如图4.17所示。

E3		fx	=D3/B3*1/20*100%	
	A	B	C	D	E
1	2000、2020年长江入海口各类用地面积年际变化情况 Area (Square Meters) 总面积：39510722700平方米				
2	土地利用类型	2000年	2020年	2000-2020年变化幅度	土地利用耗减度(LUC)
3	耕地	13877428500	10832294700	3045133800	1.10%
4	林地	19680300	129315600	-109635300	-27.85%
5	草地	19285200	151819200	-132534000	-34.36%
6	灌木地	900	981900	-981000	-5450.00%
7	湿地	367994700	562917600	-194922900	-2.65%
8	水体	3513536100	3366766800	146769300	0.21%
9	建筑用地	2551484700	5728437900	-3176953200	-6.23%
10	海洋	19161312300	18330433200	830879100	0.22%

图 4.17　计算耗减度

4.7　驱动力分析

1. 建筑用地占比与人口、GDP、人均 GDP 之间的分析

（1）如图4.18所示，选中上海 GDP 和城市建筑用地占比，点击"插入"→"散点图"，添加趋势线，显示公式和 R^2 的值，得到 GDP 与建筑用地之间的线性回归图。结果如图4.19所示。

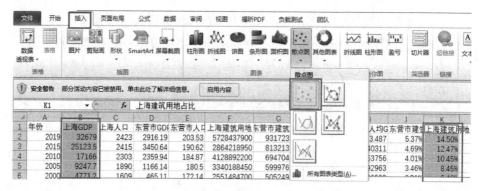

图 4.18　插入散点图

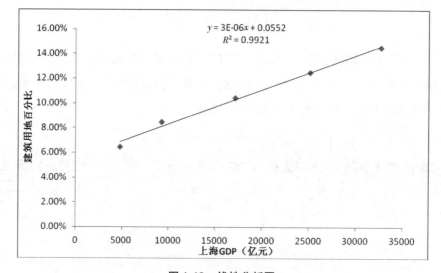

图 4.19　线性分析图

（2）同理可得其他驱动力之间的关系图。从关系图可知东营市和上海市的建筑用地占比与人口、GDP、人均 GDP 相关性很高，R^2 的值都在 0.8 以上。

4.8　练习题

（1）用上海市 2000—2020 年的建筑用地占比与其人口、GDP、人均 GDP 进行线性回归分析。

（2）计算上海市的土地利用动态度。

4.9　实验报告

（1）根据练习题（1）的分析，完成表 4.4、表 4.5、表 4.6。

表 4.4　建筑用地占比与人口模型的构建

建筑用地占比与人口		对数模型	指数模型	多项式模型
	拟合公式			
模型建立	R^2			

表 4.5　建筑用地占比与 GDP 模型的构建

建筑用地占比与 GDP		对数模型	指数模型	多项式模型
	拟合公式			
模型建立	R^2			

表 4.6　建筑用地占比与人均 GDP 模型的构建

建筑用地占比与人均 GDP		对数模型	指数模型	多项式模型
	拟合公式			
模型建立	R^2			

（2）根据练习题（2）的计算结果，完成表 4.7。

表 4.7　2000—2020 年各地类土地利用动态度

地物类型	土地利用动态度
耕地	
林地	
草地	
灌木地	
湿地	
水体	
建筑用地	
海洋	

4.10　思考题

（1）什么是土地利用转移矩阵？

（2）除了本实验所用的方法外，是否还存在更好的方法进行土地利用分类？

（3）本实验的土地利用动态度是单一土地利用动态度还是综合土地利用动态度？

实验 5　近 35 年陕西省横山区绿洲—荒漠土地时空格局变化分析

5.1　实验要求

根据陕西省横山区 1986—2020 年的遥感影像数据,完成下列分析:

(1)对陕西省横山区各时期的土地覆盖类型进行遥感识别并进行分类。

(2)统计不同时期绿洲—荒漠土地覆盖类型的面积。

(3)计算各时期绿洲—荒漠土地变化的数量和速度。

5.2　实验目标

(1)掌握基于决策树的遥感数据分类方法。

(2)分析绿洲—荒漠土地变化规律。

5.3　实验软件

ENVI 5.3、ArcGIS 10.2、Excel。

5.4　实验区域与数据

5.4.1　实验数据

"HS"文件夹:

"LT05_L1TP_127034_19860802_20170221_01_T1":1986 年陕西省横山县 Landsat-5 TM 多光谱影像数据。

"LT05_L1TP_127034_19900829_20170130_01_T1":1990 年陕西省横山县 Landsat-5 TM 多光谱影像数据。

"LT05_L1TP_127034_19940824_20170112_01_T1":1994 年陕西省横山县 Landsat-5 TM 多光谱影像数据。

"LT05_L1TP_127034_19970901_20161230_01_T1":1997 年陕西省横山县

Landsat-5 TM 多光谱影像数据。

"LT05_L1TP_127034_20020830_20161207_01_T1"：2002 年陕西省横山县 Landsat-5 TM 多光谱影像数据。

"LT05_L1TP_127034_20060910_20161118_01_T1"：2006 年陕西省横山县 Landsat-5 TM 多光谱影像数据。

"LT05_L1TP_127034_20101007_20161012_01_T1"：2010 年陕西省横山县 Landsat-5 TM 多光谱影像数据。

"LC08_L1TP_127034_20151005_20170403_01_T1"：2015 年陕西省横山区 Landsat-8 OLI 多光谱影像数据。

"LC08_L1TP_127034_20200511_20200526_01_T1"：2020 年陕西省横山区 Landsat-8 OLI 多光谱影像数据。

"Vector_HS"文件夹：

"横山区. shp"：陕西省横山区矢量数据。

"横山区点. shp"：陕西省横山区人民政府矢量数据。

"横山区气象站点. shp"：陕西省横山区气象站点数据。

"陕西省. shp"：陕西省矢量数据。

"陕西省省会城市. shp"：陕西省省会城市矢量数据。

5.4.2 实验区域

横山区位于陕西省北部,毛乌素沙漠南缘,明长城脚下,无定河中游,僻处内蒙古、陕西交界,古称塞北边陲。横山区位于东经108°56′41″~110°01′48″,北纬37°21′43″~38°14′53″。辖区东西最大距离93.83 千米,南北最大距离95.85千米,总面积4333 平方千米。地势西南高,东北低。北部为风沙草滩区,地势平缓,分布有大小不等的滩地宽谷;南部为黄土丘陵沟壑区,梁峁起伏,沟壑纵横。横山区属温带半干旱大陆性季风气候,其特点是:四季分明,春季气温日较差大,寒潮霜冻时有发生,并多有大风,间以沙尘暴;夏季炎热,雨量相对增多,多有暴雨出现;秋季多雨,降温快,早霜冻频繁;冬季严寒而少雪。多年平均气温8.9 摄氏度,年平均日照时数2800.8 小时。年平均降水量352.2 毫米,降雨集中在每年6 月至9 月,7 月最多。

5.5 实验原理与分析

土地覆盖是指地球表面的自然状态,如森林、草地、农田等。遥感可直接得到土地覆盖信息,土地覆盖遥感分类方法主要有基于统计理论的分类、基于GIS辅助信息的分类和基于知识的分层分类等。本实验采取决策树对土地覆盖进行分层分类。相比其他常规遥感分类方法,决策树应用于遥感影像分类主要有以下优点:当遥感影像数据空间特征的分布很复杂,或多源数据具有不同的统计分布和尺度时,使用决策树分类法能获得比较理想的分类结果;分类决策树结构清晰,易于理解,实现简单,运行速度快且准确性高,同时也便于快速修改;决策树方法能够有效地抑制训练样本噪声,可解决训练样本存在噪声使得分类精度降低的问题。决策树分类的步骤大体上可分为四步:知识(规则)定义、规则输入、决策树运行和分类后处理。

引入单一土地利用动态度(R_S)、扩张强度指数(LI),分别表示绿洲—荒漠土地的变化速率、趋势和区域差异。

$$R_S = \frac{U_b - U_a}{U_a} \times \frac{1}{T} \times 100\% . \qquad (5.1)$$

式中:R_S为单一土地利用动态度;U_a 和 U_b 分别代表研究初期和研究末期绿洲或荒漠土地的面积;T 为研究时长。

扩张强度指数用来比较不同时期绿洲或荒漠扩张的快慢与强弱,其本质是用研究区域的土地面积来对绿洲或荒漠年均变化速度进行标准化处理,以使不同时期的绿洲或荒漠扩张速度具有可比性。

$$LI = \frac{|U_b - U_a|}{TLA} \times \frac{1}{T} \times 100\% . \qquad (5.2)$$

式中:LI 为监测期间内研究区域的绿洲或荒漠的扩张强度指数;TLA 为研究区域的土地总面积;U_a,U_b 以及 T 的意义同上。

通过比较研究初期和末期绿洲分布的重心位置,可以得到研究时段内绿洲的空间变化规律。第 t 年绿洲或荒漠类型的重心坐标(经纬度)可表示为:

$$X = \sum_{i=1}^{n} (C_i \times X_i) / \sum_{i=1}^{n} C_i . \qquad (5.3)$$

$$Y = \sum_{i=1}^{n} (C_i \times Y_i) / \sum_{i=1}^{n} C_i . \qquad (5.4)$$

式中:X,Y分别表示绿洲或荒漠分布重心的经纬度坐标;C_i表示绿洲或荒漠的第i个斑块的面积;X_i,Y_i分别表示绿洲或荒漠第i个斑块分布中心的经纬度。

5.6　实验步骤

5.6.1　图像预处理

(1)辐射定标。如图5.1所示,在 ENVI 5.3 中加载1986年数据文件夹中名为"LT05_L1TP_127034_19860802_20170221_01_T1_MTL"的影像,在工具箱中点击"Radiometric Correction"→"Radiometric Calibration",选择多光谱影像。在"Radiometric Calibration"面板中选择"BIL",并将"Scale Factor"设置为0.1,输出定标数据。

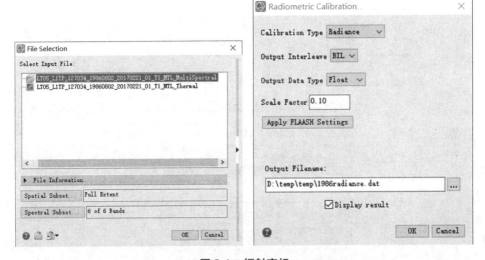

图5.1　辐射定标

(2)大气校正。在工具箱中点击"Radiometric Correction"→"Atmospheric Correction Module"→"FLAASH Atmospheric Correction",输入辐射定标后的数据,设置图5.2中的相关参数。

(3)图像裁剪。利用陕西省横山区的矢量数据对大气校正完成后的影像进行裁剪,点击"Regions of Interest"→"Subset Data from ROIs",如图5.3。

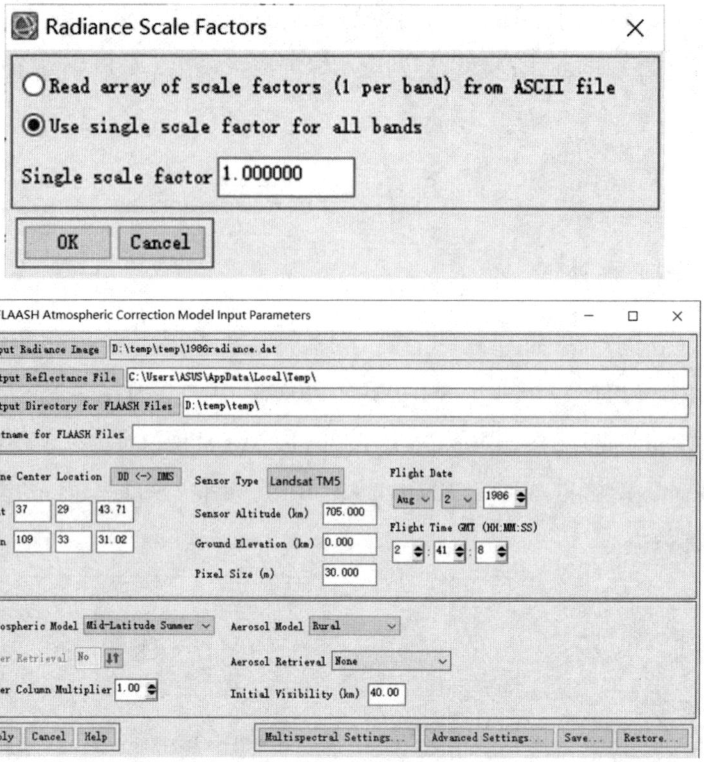

图 5.2　大气校正

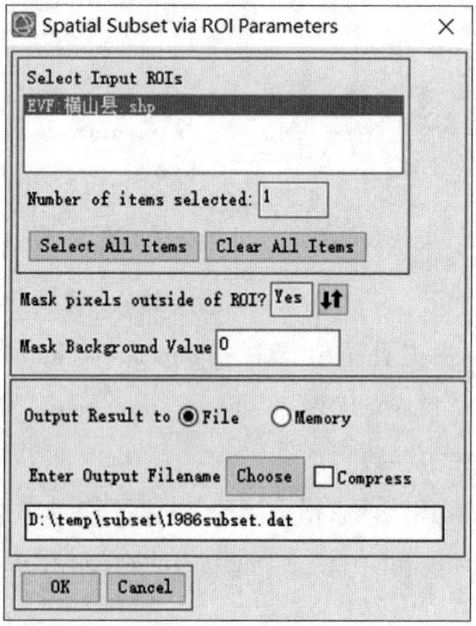

图 5.3　图像裁剪

以上操作均基于 1986 年的影像进行操作。其他年份的遥感影像均按上述操作进行图像预处理。

5.6.2　决策树分类

（1）点击"Band Algebra"→"Band Math"，计算 NDVI、NDBI、MNDWI 三个指数（见图 5.4），点击窗口中 💡，可以查看每个区域的值，然后确定一个大致范围、进行调整。

$$\text{NDVI} = \frac{\text{NIR} - \text{R}}{\text{NIR} + \text{R}}. \tag{5.5}$$

$$\text{MNDWI} = \frac{\text{Green} - \text{MIR}}{\text{Green} + \text{MIR}}. \tag{5.6}$$

$$\text{NDBI} = \frac{\text{SWIR} - \text{NIR}}{\text{SWIR} + \text{NIR}}. \tag{5.7}$$

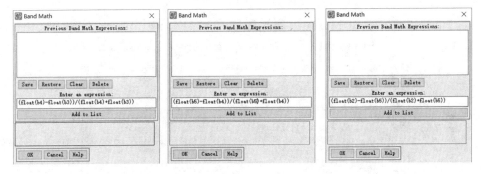

图 5.4　NDVI、NDBI、MNDWI 的计算

（2）点击工具箱"Classification"→"Decision tree"→"New Decision tree"建立决策树并进行分类，如图 5.5。

（3）点击工具箱"Classification"→"Post Classification"→"Majority/Minority Analysis"进行分类后处理。将分类后处理的结果加入 ArcGIS 中，并根据 1986 年的分类结果进行亚区划分。在裁剪之前为其添加一个文本字段"name"，为其添加地类的名称，再将其裁剪为三个亚区部分，制图后进行分析。

5.6.3　面积统计及计算

（1）在 ArcGIS 中统计 1986—2020 年各个亚区各地类的像元数。根据像元数 * 30 * 30 计算各个亚区各种地类的面积（如图 5.6），将盐碱地和裸地分为荒漠土地,将建筑、水体、植被分为绿洲土地,其余为未利用地。

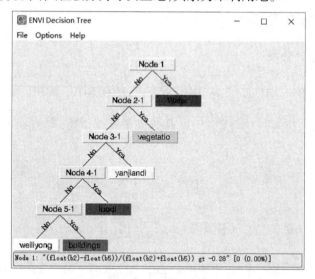

图5.5　建立决策树

年份	水体	未利用	植被	盐碱地	裸地	建筑	总共
1986							
亚区Ⅰ	22325400	82462500	117647100	2.11E+08	168259500	3537000	604967400
亚区Ⅱ	10433700	1.83E+08	270444600	1.35E+08	164749500	17747100	781582500
亚区Ⅲ	31636800	9.59E+08	1.492E+09	65745900	128742300	1.85E+08	2.862E+09
1990							
亚区Ⅰ	32474700	1.51E+08	126137700	1.14E+08	158418900	22910400	604967400
亚区Ⅱ	18154800	2E+08	289985400	90683100	128459700	53073900	780682500
亚区Ⅲ	62658900	4.68E+08	1.913E+09	58366800	92052900	2.67E+08	2.862E+09
1994							
亚区Ⅰ	21485700	62054100	190004400	37134000	283620600	10668600	604967400
亚区Ⅱ	11220300	85152600	432963000	50846400	177683400	22819500	780685200
亚区Ⅲ	42737400	1.04E+08	2.657E+09	3848400	25334100	28289700	2.862E+09
1997							
亚区Ⅰ	15651900	7300800	235455300	19381500	320594400	6583500	604967400
亚区Ⅱ	5470200	6668100	484063200	40755600	236156400	7569000	780682500
亚区Ⅲ	15224400	25011000	2.382E+09	26155800	368286300	45235800	2.862E+09
2002							
亚区Ⅰ	19152000	20506500	168320700	21330000	365337000	10321200	604967400
亚区Ⅱ	10080000	76038300	415864800	15234300	214570800	48894300	780682500
亚区Ⅲ	20415600	2.43E+08	2.377E+09	1083600	94002300	1.26E+08	2.862E+09
2006	0						
亚区Ⅰ	10762200	900000	267628500	4817700	320755500	103500	604967400
亚区Ⅱ	5020200	621900	572158800	5240700	196862400	778500	2.552E+09
亚区Ⅲ	16335900	1226700	2.644E+09	1423800	196089300	2845800	2.862E+09
2010							
亚区Ⅰ	8113500	885600	285936300	31192200	278818200	21600	604967400
亚区Ⅱ	4891500	481500	614645100	11012400	149640300	11700	780682500
亚区Ⅲ	11024100	687600	2.313E+09	4644000	531701100	198900	2.862E+09
2015							
亚区Ⅰ	34658100	11507400	531036900	295200	7970400	19499400	604967400
亚区Ⅱ	18546300	11184300	696729600	113400	36156600	17952300	780682500
亚区Ⅲ	36979200	12622500	2.633E+09	116100	80074800	98443800	2.862E+09
2020							
亚区Ⅰ	64941300	1235700	487260000	453600	34374600	16702200	604967400
亚区Ⅱ	47115000	1016100	585468900	153000	126650700	20278800	780682500
亚区Ⅲ	1.82E+08	997200	1.999E+09	488700	622056600	57116700	2.862E+09

图5.6　面积统计

（2）在 Excel 中制作每个亚区以及全县 1986—2020 年的绿洲—荒漠面积柱状图（如图5.7）以及横山区的面积变化趋势图（如图5.8）。

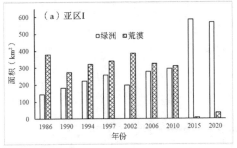
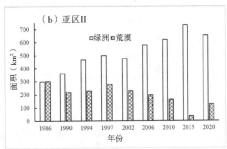

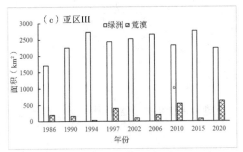

图 5.7　1986—2020 年的绿洲—荒漠面积柱状图

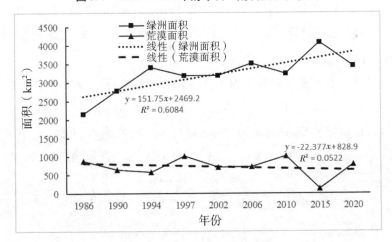

图 5.8　横山区面积变化趋势

5.6.4　单一土地利用度及扩张强度指数计算

按照统计好的绿洲—荒漠土地面积，根据公式（5.2）计算其扩张强度指数，并根据计算的指数制作绿洲—荒漠的单一土地利用度和扩张强度折线图。

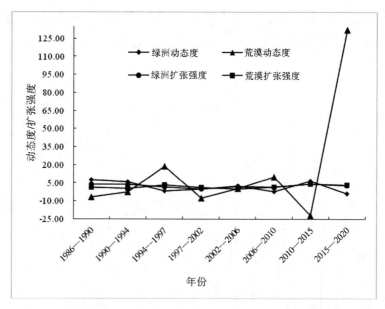

图5.9 绿洲—荒漠的单一土地利用度和扩张强度

5.6.5 重心迁移模型

（1）点击 ArcGIS 中的"Toolbox"→"Conversion Tool"→"From Raster"→"Raster to Polygon"，根据 name 字段将之前裁剪的每一个亚区部分的栅格数据转换为矢量数据。

（2）为矢量数据的属性表添加 X、Y、AREA、X_1986、Y_1986 五个类型为双精度的字段，右击 X、Y、AREA 字段，点击"Calculate Geometry"，分别选择"X Coordinate of Centroid""Y Coordinate of Centroid""Area"；右击 X_1986、Y_1986，点击"Field Calculator"，分别输入 X * AREA、Y * AREA，点击计算，如图5.10、图5.11。

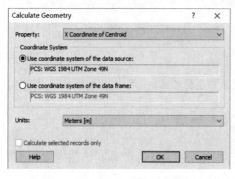
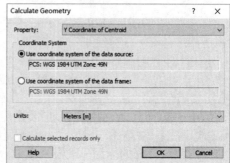

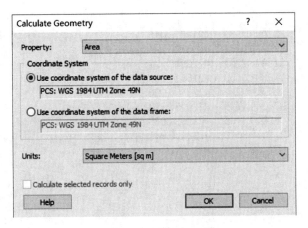

图 5.10   计算几何形状

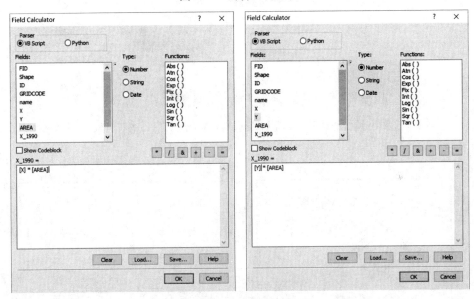

图 5.11   计算字段

（3）将属性表导出为 .txt 文件，将其加载至 Excel 中，在 Excel 中点击"筛选"，先选中绿洲的地类，在最下方分别计算 AREA、X_1986、Y_1986 的总和。X_1986 的总和除以 AREA 的结果即为 1986 年亚区 I 绿洲的 X 坐标，Y_1986 的总和除以 AREA 的结果即为 1986 年亚区 I 绿洲的 Y 坐标，如图 5.12。最后分表格统计好每个亚区绿洲、荒漠的每年的重心，并将其导入 ArcGIS 中，点击"生成"。制作重心转移图（图 5.13）。

亚区I绿洲	X	Y
1986	381936.2581	4212876.916
1990	380938.6144	4213783.534
1994	375856.2201	4220889.671
1997	379801.6559	4215519.638
2002	375524.537	4220686.196
2006	375249.2795	4220987.333
2010	380017.4236	4215352.885
2015	377378.3619	4218456.941
2020	377032.2812	4218612.141

亚区I绿洲 | 亚区I荒漠 | 亚区II绿洲 | 亚区II荒漠 | 亚区III绿洲 | 亚区III荒漠

图5.12 统计亚区 I 绿洲的 X、Y 坐标及对应区域的符号表示

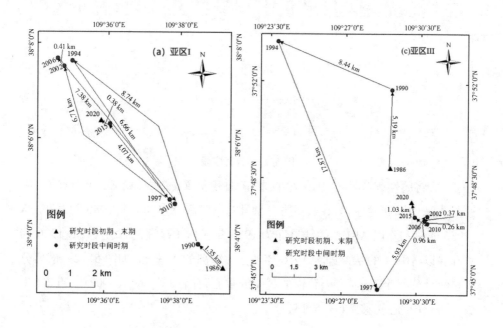

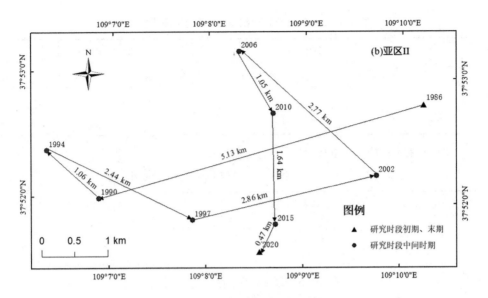

图 5.13　各亚区重心转移示意图

5.7　驱动力分析

荒漠化的发生和发展是自然因素和人文因素综合作用的结果,驱动因子的变化直接或间接地影响到荒漠化过程的发展。开展横山区荒漠化过程的驱动力研究,对于全面了解沙地荒漠化与驱动力之间的作用关系、科学调控沙地生态系统人地关系、合理开展沙地荒漠化防治工作以及实现沙地生态系统的可持续发展具有重要意义。

5.8　练习题

(1)根据数据"LC08_L1TP_127034_20151005_20170403_01_T1"和"LC08_L1TP_127034_20200511_20200526_01_T1",运用决策树分类,将土地覆盖类型分为绿洲土地、荒漠土地两类,并计算各个时期的土地覆盖类型面积。

(2)计算 1986—2020 年的横山区单一土地利用动态度和扩张强度。

5.9　实验报告

(1)根据练习题(1)的计算结果,完成表 5.1。

表 5.1　2015—2020 年绿洲—荒漠土地面积统计

土地类型	2015 年		2020 年	
	面积(km^2)	比例(%)	面积(km^2)	比例(%)
绿洲				
荒漠				

(2)根据练习题(2)的计算结果,完成表 5.2。

表 5.2　1986—2020 年绿洲—荒漠土地利用度及扩张强度

土地类型	单一土地利用度(%)	扩张强度(%)
绿洲		
荒漠		

(3)在 ArcGIS 中制作 2006—2020 年绿洲—荒漠土地的重心迁移图。

5.10　思考题

(1)决策树分类算法的基本思想是什么?

(2)在输入决策树分类规则的过程中需要注意哪些问题?

(3)什么是重心转移矩阵?

(4)分析土地覆盖动态变化的方法有哪些?

(5)本实验中 NDVI、NDBI、MNDWI 的阈值和各波段组合的阈值是如何确定的?

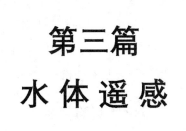

第三篇
水 体 遥 感

实验6 近30年西藏色林错湖泊面积变化及其驱动力的遥感研究

6.1 实验要求

根据西藏色林错湖泊区域的 Landsat 遥感影像数据,完成下列分析:

(1)利用水体光谱指数提取区域的水体,计算其水域面积变化数据。

(2)将提取出的湖泊面积数据输入 Excel 软件制作图表,观察变化趋势。

(3)将色林错的降水量、蒸发量、温度、日照时数输入 Excel 软件,计算对应的年平均数据,并与面积数据相结合制作表格,进行驱动力分析。

6.2 实验目标

(1)熟悉水体的光谱响应特征及其与其他地物的光谱特征的差异。

(2)掌握精确提取水体的一般思路与方法。

(3)掌握驱动力分析的一般思路。

6.3 实验软件

ENVI 5.3、ArcMap 10.2、Excel。

6.4 实验区域与数据

6.4.1 实验数据

"19900630sub":1990 年 6 月色林错 Landsat-5 TM 多光谱遥感影像。

"19940929sub":1994 年 9 月色林错 Landsat-5 TM 多光谱遥感影像。

"19980908sub":1998 年 9 月色林错 Landsat-7 ETM + 多光谱遥感影像。

"20050927sub":2005 年 9 月色林错 Landsat-5 TM 多光谱遥感影像。

"20100808sub":2010 年 8 月色林错 Landsat-5 TM 多光谱遥感影像。

"20150705sub":2015 年 7 月色林错 Landsat-8 OLI_TRIS 多光谱遥感影像。

"20201022sub":2020 年 10 月色林错 Landsat-8 OLI_TRIS 多光谱遥感影像。
辅助数据:"降水量""日照时数""温度""蒸发量"。

6.4.2 实验区域

色林错位于那曲市,是班戈县、申扎县和双湖县的界湖。色林错属于青藏高原形成过程中产生的一个构造湖,空间范围为北纬 31°34′~31°57′,东经 88°33′~89°21′。色林错湖区地势略低于周围区域,位于水流的汇聚中心,发源于格拉丹东、唐古拉山等雪山的扎加藏布河流,于北岸入湖;发源于巴布日雪山的波曲藏布河流,于东岸入湖;发源于格仁错东部甲岗雪山的扎根藏布河流,于西岸入湖。因此,色林错水源的补给属于冰川融水补给。

6.5 实验原理与分析

水体总体呈现出较低的反射率,具体表现为在可见光的波长范围内(480 nm 到 580 nm,相当于 TM/ETM + 的 Band 1 和 Band 2),其反射率为 4%~5%,到 580 nm 处,则下降为 2%~3%;当波长大于 740 nm 时,几乎所有入射能量均被水体吸收。清澈水体在不同波段的反射率由高到低可近似表示为:蓝光 > 绿光 > 红光 > 近红外 > 中红外。因为水体在近红外波段及中红外波段(740 nm 到 2500 nm,相当于 TM/ETM + 的 Band 4、Band 5 和 Band 7)具有强吸收的特点,而植物、土壤等在这一波长范围内则具有较高的反射性,所以这一波长范围可用来区分水体与土壤、植被等其他地物。本实验采用水体指数法进行水域面积的提取。

水体指数法,利用水体的光谱特征,采取波段组合的方法抑制其他地物的信息,从而达到突出水体的目的。常用的水体指数有归一化差异水体指数(Normalized Difference Water Index, NDWI)、改进的归一化水体指数(Modified NDWI,MNDWI),公式如(6.1)所示。在构建 NDWI 指数时,着重采集植被因素,却忽略了地表的另外两个重要地类——土壤、建筑物。MNDWI 指数则可以有效地抑制建筑物和土壤信息,减少噪声。通常选择直方图两个峰间的谷所对应的灰度值求出阈值。

$$NDWI = \frac{Green - NIR}{Green + NIR}. \tag{6.1}$$

式中:Green 对应 TM、ETM + 影像的 Band 2,OLI 影像的 Band 3;NIR 对应

ETM + 影像的 Band 4、OLI 影像的 Band 5。

$$\text{MNDWI} = \frac{\text{Green} - \text{MIR}}{\text{Green} + \text{MIR}}. \tag{6.2}$$

式中,MIR 对应 TM、ETM + 影像的 Band 5,OLI 影像的 Band 6。

6.6 实验步骤

6.6.1 波段计算

(1)在 ENVI 主菜单中点击"File"→"Open Image File",加载 2010 年色林错数据"20100808sub"。

(2)在 ENVI 主菜单中点击"Basic Tools"→"Band Math",在"Enter an expression"下输入波段运算公式:(float(b2) – float(b4))/(float(b2) + float(b4)),点击"Add to List"将表达式加入列表中,点击"OK"。在弹出的窗口为 b2 和 b4 选择波段,设置存储路径,点击"OK"。图 6.1 所示为 NDWI 计算结果。同理,根据 MNDWI 计算公式,计算出 MNDWI 的结果,并将这一结果与 NDWI 计算结果进行对比,同时选择精度更高的计算结果进行接下来的操作。

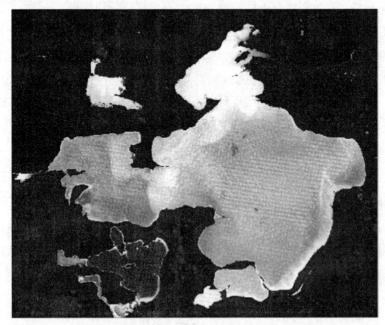

图 6.1　NDWI 的计算结果

6.6.2 水体提取

(1)确定阈值范围。在主窗口中点击"Tools"→"Cursor Location/Value",查看水体的像素值。如图6.2所示,水体的像素值大于0。

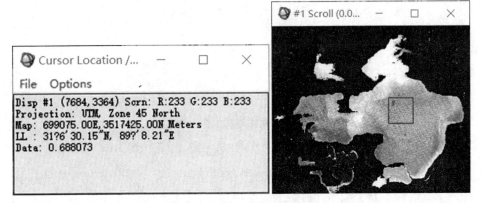

图6.2 查看水体的像素值

(2)在主影像窗口点击"Overlay"→"Density Slice",选择数据源,点击"OK",进行密度分割,如图6.3所示。点击"Clear Ranges",删除默认分割区间,点击"Options"→"Add New Ranges"。输入水体的阈值,将"Range Start"设置为0,"Range End"设置为Max,颜色设置为白色。再输入非水体的阈值,将"Range Start"设置为Min,"Range End"设置为0,颜色设置为黑色,如图6.4所示。

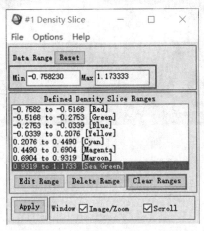

图6.3 密度分割

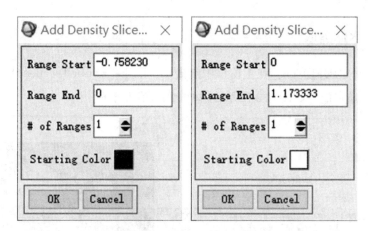

图 6.4   水体与非水体的设置

（3）点击"Apply"，NDWI 的结果如图 6.5 所示。对 MNDWI 水体提取结果进行同样的操作。在"Density Slice"中，点击"File"→"Output Ranges to Class Image"，设置 NDWI 水体计算结果的保存路径，注意在保存文件名后加". tif"以生成 GeoTIFF 数据。

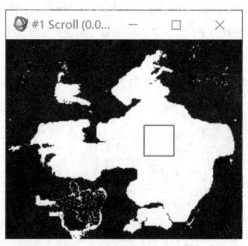

图 6.5   NDWI 计算结果

6.6.3   面积统计

（1）在 ENVI 主菜单中点击"Classification"→"Post Classification"→"Class Statistics"，选择 NDWI 计算结果(. tif 格式)，点击"OK"，结果如图 6.6 所示。对 NDWI 进行同样的操作，查看统计结果。勾选"Output to a Text Report File"将统计结果导到文本中。

```
Select Stat▼
Filename: D:\大二下学期\2010NDWI2.tif
Dims: Full Scene (7,726,636 points)

Class Distribution Summary
Density slice range 0.0000 to 1.1733: 2,797,944 points (36.212%) (2,518,149,600.0000 Meters?

Stats for Class: Density slice range 0.0000 to 1.1733
Basic Stats    Min    Max    Mean    Stdev
      Band 1     2      2   2.000000  0.000000
```

图6.6　NDWI统计结果

6.6.4　提取色林错区域

（1）打开 ArcMap,加载水体提取后得到的.tif 影像数据。

（2）在"ArcToolbox"中,点击"Conversion Tools"→"From Raster"→"Raster to Polygon",打开栅格数据转面工具,如图6.7所示。在"Input raster"下输入加载的.tif 影像,在"Output polygon features"下设置输出面数据的路径及文件名,点击"OK"。在生成的矢量文件中选中色林错的面状区域,在内容列表中右击生成的矢量文件,选择"Data"→"ExportData","Export"后选择"Selected features",如图6.8所示。点击"OK",生成色林错的矢量数据,结果如图6.9所示。在内容列表右击矢量文件,点击打开属性表,查看面积数据(通过添加字段,几何计算得到面积数据),如图6.10所示。

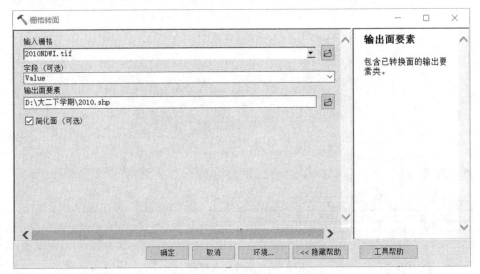

图6.7　栅格转面工具

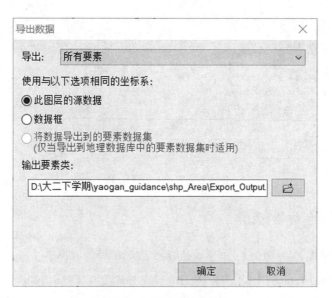

图 6.8 导出矢量数据

图 6.9 色林错矢量图

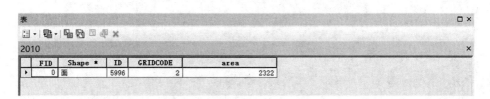

图 6.10 属性表面积图

6.7　驱动力分析

6.7.1　降水量因素

从图 6.11 来看,近 30 年来色林错流域的年平均降水量总体呈减少的趋势,平均每 10 年减少 7.86 mm,其中 2016 年年平均降水量最低,为 180.375 mm。分析色林错湖泊面积与年平均降水量的相关性散点图(图 6.12)发现,色林错湖泊面积变化与年平均降水量呈负相关,表明降水量的减少对湖泊面积的增加并没有产生很大的影响。

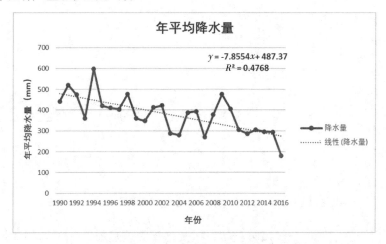

图 6.11　1990—2016 年色林错年平均降水量变化趋势图

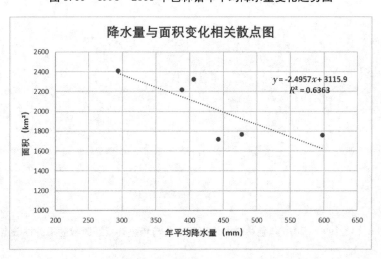

图 6.12　1990—2016 年色林错湖泊面积变化与年平均降水量的相关性散点图

6.7.2 日照时数因素

从色林错流域年平均日照时数变化图(图6.13)可以发现,除了个别年份(1995年、1999年)的数据偏差较大,其他年份的数据变化几乎没有太大的波动。分析年平均日照时数和湖泊面积变化散点图(图6.14)可以发现,平均日照时数与湖泊面积变化呈负相关,但相关性极小,几乎可忽略不计。

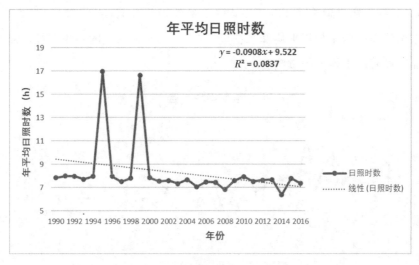

图6.13　1990—2016年色林错年平均日照时数变化趋势图

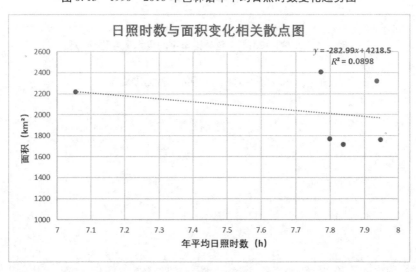

图6.14　1990—2016年色林错湖泊面积变化与年平均日照时数的相关性散点图

6.7.3 温度因素

从色林错流域年平均温度变化来看(图 6.15),色林错平均温度年际变化波动较大,总体呈上升趋势,平均每 10 年升高 0.04 ℃。其中:2010 年的年平均温度最高,约为 1 ℃;1997 年年平均温度最低,约为 −1 ℃。分析色林错年平均温度和面积变化的相关性散点图(图 6.16)发现,年平均温度与湖泊面积呈显著的正相关,表明色林错流域气温上升,使得周边冰川融化加剧,大量融水注入湖泊,补给了湖泊水量。

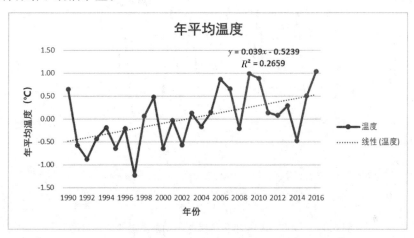

图 6.15　1990—2016 年色林错年平均温度变化趋势图

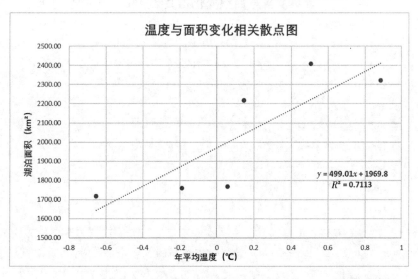

图 6.16　1990—2016 年色林错湖泊面积变化与年平均温度的相关性散点图

6.7.4 蒸发量因素

从色林错流域年平均蒸发量变化来看(图6.17),邻近年份年平均蒸发量波动较大,但总体来看,近30年来没有太大的变化。从年平均蒸发量与面积变化的相关性散点图(图6.18)可以发现,年平均蒸发量与湖泊面积变化呈正相关,表明色林错湖泊面积的变化与蒸发量并没有直接关系。

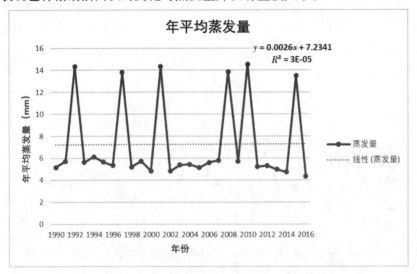

图6.17　1990—2016年色林错年平均蒸发量变化趋势图

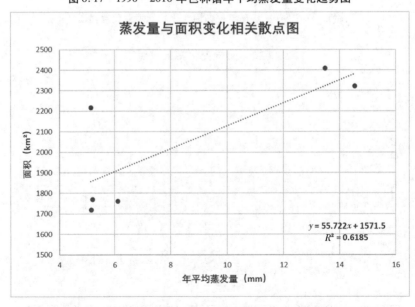

图6.18　1990—2016年色林错湖泊面积变化与年平均蒸发量的相关性散点图

6.7.5 结论

根据图表进行湖泊面积变化驱动力因素的分析,得到如下结论:色林错湖泊面积变化和年平均气温有较好的正相关性,相关系数 R^2 为 0.7113;与年平均降水量、年平均日照时数均呈负相关性,相关系数 R^2 分别为 0.4768、0.0837;与年平均蒸发量呈正相关性,相关系数 R^2 为 0.6185。这表明近 30 年的湖泊面积变化与区域气温长期升高的趋势有一定的相关性。气温的不断上升,可能会导致色林错补给河流上游的冰川、雪山加速消融,融水通过三条内流河注入湖泊,最终导致湖面持续扩张。另外,色林错位于青藏高原的冻土地带,高原冻土发育得很好,色林错位于全流域最低洼的地区,是水流的汇聚中心。气温的升高,可能造成地温的升高,色林错周围的冻土也会开始解冻,大部分水流会汇聚到色林错流域,进而对色林错面积的增加产生一定的影响。

6.8 练习题

(1)根据计算结果,比较同样条件下 MNDWI 与 NDWI 的计算精度,进行精度评价,并统计利用两种公式计算的水体面积。

(2)将密度分割后的各年份遥感影像进行对比,分析湖泊面积变化趋势,观察湖泊东西南北方向的面积变化趋势,并结合各方向的地势等因素进行面积变化原因分析。

6.9 实验报告

(1)根据练习题(1)的计算结果,完成表 6.1。

表 6.1 色林错湖泊采用不同水体提取方法的面积对比

方法	面积(m^2)
NDWI	
MNDWI	

(2)应用 NDWI 和 MNDWI 两种方法提取色林错湖泊水体,并展示结果。

6.10 思考题

(1)本实验采用的水体指数法,如何减少原始影像云层、周边小湖泊等对色林错湖泊面积的误差影响?

（2）实际情况下,由于水体表面植被、影像云层等多种因素的影响,区分水体与其他地物的阈值往往不为0,应该如何确定合适的阈值?

（3）如何解决镶嵌后的图像裂缝两边颜色深浅不同导致面积提取存在误差的问题?

（4）除了实验中提到的影响因素,还存在哪些影响湖泊面积变化的因素?

（5）根据本实验,还可以用哪些更直观的方法进行湖泊面积驱动力分析?

实验7　近30年纳木错湖泊的时空格局及其驱动力的遥感研究

7.1　实验要求

根据纳木错湖泊区域的 Landsat 遥感影像数据,完成下列分析:

(1)对比四种水体光谱指数法(归一化差异水体指数 NDWI、改进的归一化差异水体指数 MNDWI、快速自动提取水体指数 AWEI、基于线性判别分析的水体指数 WI),并选择合适的方法提取该区域的水体,计算其水域面积。

(2)将提取的湖泊面积数据输入 Excel 软件制作图表,观察变化趋势。

(3)将纳木错的降水量、蒸发量、温度输入 Excel 软件,计算对应的年平均数据,并与面积数据相结合制作表格,进行驱动力分析。

7.2　实验目标

(1)熟悉水体的光谱响应特征及其与其他地物的光谱特征的差异。

(2)掌握精确提取水体的一般思路与方法。

(3)掌握驱动力分析的方法。

7.3　实验软件

ENVI 5.3、ArcGIS 10.2、Excel。

7.4　实验区域与数据

7.4.1　实验数据

"1990caijian":1990 年 11 月 17 日,纳木错湖 Landsat-5 TM 多光谱遥感影像。

"1995caijian":1995 年 10 月 18 日,纳木错湖 Landsat-5 TM 多光谱遥感影像。

"2000caijian":2000 年 11 月 20 日,纳木错湖 Landsat-7 ETM + 多光谱遥感影像。

"2005caijian":2005 年 11 月 28 日,纳木错湖 Landsat-7 ETM + 多光谱遥感影像。

"2010caijian":2010 年 12 月 31 日,纳木错湖 Landsat-7 ETM + 多光谱遥感影像。

"2015caijian":2015 年 12 月 3 日,纳木错湖 Landsat-8 OLI_TRIS 多光谱遥感影像。

"2017caijian":2017 年 11 月 8 日,纳木错湖 Landsat-8 OLI_TRIS 多光谱遥感影像。

辅助数据:"降水量""温度""蒸发量"。

7.4.2 实验区域

我国青藏高原上分布有地球上面积最大、平均海拔最高、数量最多的高原湖泊群,青藏高原也是全球湖泊分布最密集的地区之一。青藏高原上的湖泊面积占全国湖泊总面积的 49.5%。青藏高原的湖泊面积、湖泊数量的变化大多受制于降水和冰川融水的补给,但由于青藏高原气候干旱的自然特征,大部分湖泊流域内降水后形成的地表径流快速蒸发。因此,青藏高原的湖泊面积、湖泊数量的增减大多与流域内的冰川、融雪关系更为密切。

纳木错(东经 90°16′~91°03′,北纬 30°30′~30°55′)位于西藏自治区中部,当雄县和班戈县境内,属于亚寒带季风半干旱气候区,对区域气候变化较为敏感,流域内雨季、旱季分明。

7.5 实验原理与分析

水体总体呈现出较低的反射率,具体表现为在可见光的波长范围内(480 nm 到 580 nm,相当于 TM/ETM + 的 Band 1 和 Band 2),其反射率为 4% ~5%,到 580 nm 处,则下降为 2% ~3%;当波长大于 740 nm 时,几乎所有入射能量均被水体吸收。清澈水体在不同波段的反射率由高到低可近似表示为:蓝光 >绿光 >红光 >近红外 >中红外。因为水体在近红外波段及中红外波段(740 nm 到 2500 nm,相当于 TM/ETM + 的 Band 4、Band 5 和 Band 7)具有强吸收的特点,而植物、土壤等在这一波长范围内则具有较高的反射性,所以这一波长范围可用来区分水体与土壤、植被等其他地物。提取水体的方法有很多种,本实验采用水体指数法下的四种方法进行水域面积的提取,结合目视解译,对比选择最佳提取方法。

1. 水体指数法

水体指数法是将水体反射强的波段与水体反射弱的波段通过比值运算,建立关系式,对水体信息进行提取的方法。此方法简单、可操作性强,并且能够降低非水体信息以强调水体信息。指数法主要有以下几种:

(1)归一化差异水体指数 NDWI

1996 年,Mcfeeters 考虑到谱间关系法分析过程太复杂,并且对背景信息无法做到很好的抑制,所以提出了基于绿波段与近红外波段的归一化比值指数。该指数一般用来提取影像中的水体信息,效果较好。但是该指数也有一定的局限性,用 NDWI 提取有较多建筑物背景的水体时,效果比较差。NDWI 公式为:

$$\text{NDWI} = \frac{\text{Green} - \text{NIR}}{\text{Green} + \text{NIR}}. \tag{7.1}$$

式中:Green 对应 TM、ETM + 影像的 Band 2,OLI 影像的 Band 3;NIR 对应 ETM + 影像的 Band 4、OLI 影像的 Band 5。

(2)改进的归一化差异水体指数 MNDWI

徐涵秋在分析 Mcfeeters 提出的归一化差异水体指数(NDWI)的基础上,对构成该指数的波长组合进行了修改,提出了改进的归一化差异水体指数 MND-WI(Modified NDWI),并在含不同水体类型的遥感影像中分别对该指数进行了实验,大部分获得了比 NDWI 更好的效果,特别是提取城镇范围内的水体。ND-WI 指数影像往往因混有城镇建筑用地信息而使得提取的水体范围和面积有所扩大。实验还发现,MNDWI 比 NDWI 更能够揭示水体的微细特征,如悬浮沉积物的分布、水质的变化。另外,MNDWI 可以很容易地区分阴影和水体,解决了水体提取中难于消除阴影的问题。与 NDWI 的区别在于,它用短波红外波段代替了 NDWI 中的近红外波段,结果表明该指数能够更有效地消除阴影对水体的影响。然而,该指数的最佳阈值在不同时间、不同水体环境下是波动变化的,因此统一的阈值设定对不同地区的水体提取效果有所不同。MNDWI 公式为:

$$\text{MNDWI} = \frac{\text{Green} - \text{MIR}}{\text{Green} + \text{MIR}}. \tag{7.2}$$

式中,MIR 对应 TM、ETM + 影像的 Band 5,OLI 影像的 Band 6。

(3)快速自动提取水体指数 AWEI

Gudina L. Feyisa 通过对比分析 MNDWI 水体指数以及 ML(最大似然比)提取水体方法,针对分类精度在特定区域不高以及阈值选取相对不确定等问题,结合 Landsat-5 TM 影像,通过实验提出了自动提取水体指数。由于不同区域的背景因素不同,Gudina L. Feyisa 把自动提取水体指数分为 $AWEI_{nsh}$ 和 $AWEI_{sh}$ 两类。公式如下:

$$AWEI_{nsh} = 4(GREEN - SWIR1)/(0.25NIR + 2.75SWIR2). \qquad (7.3)$$

$$AWEI_{sh} = BLUE + 2.5GREEN - 1.5(NIR + SWIR1) - 0.25SWIR2. \quad (7.4)$$

式中:BLUE 为蓝波段;GREEN 为绿波段;NIR 为近红外波段;SWIR1 为短波红外 1 波段;SWIR2 为短波红外 2 波段。

$AWEI_{nsh}$ 是一种有效去除非水像素的指标,包括城市背景区域的灰暗表面,$AWEI_{sh}$ 主要通过去除 $AWEI_{nsh}$ 可能无法有效去除的阴影像素来进一步提高精度。所以 $AWEI_{nsh}$ 适用于在阴影不是主要问题的区域提取水体。$AWEI_{sh}$ 目的是有效地消除阴影像素,提高有阴影或其他暗表面区域的水体提取精度。但是在有高度反射表面的地区,如城市地区的冰、雪和反射屋顶,可能会将这些表面错误地归类为水。

(4)基于线性判别分析的水体指数 WI

WI_{2006} 是 Danaher 等人在 2006 年使用标准变量分析大气表层发射率时创建的水体指数,利用 Landsat-7 ETM + 影像中的每个波段的自然对数来反映反射系数和相互作用条件,已被应用于澳大利亚东部湿地的提取。2015 年,WI_{2006} 在的基础上,Fisher 等人创建了新的水体指数 WI_{2015},该指数使用 LDAC 作为确定最佳分割训练区类别的系数,提高了分类精度。其表达式为:

$$WI_{2015} = 1.7204 + 171GREEN + 3RED - 70NIR - 45SWR1 - 71SWIR2 \quad (7.5)$$

式中:GREEN 为绿波段;RED 为红波段;NIR 为近红外波段;SWIR1 为短波红外 1 波段;SWIR2 为短波红外 2 波段。

2. 湖泊变化强度指数法

湖泊变化强度反映的是一定年限内湖泊面积变化的程度,其表达式为:

$$\mu = \frac{100\Delta S_a}{\Delta T_a \times S}. \qquad (7.6)$$

式中:μ 为湖泊变化强度指数;ΔS_a 为某一时段内湖泊的变化面积,其大于

0 说明湖泊在该时段内呈扩张趋势,小于 0 则说明湖泊在该时段内呈萎缩趋势; ΔT_a 为时间跨度;S 为湖泊的总面积,取 1990 年的湖泊面积。

3. 统计分析法

(1)简单相关性分析

地理系统是一个复杂的系统,系统中一个要素的变化必然引起另一个要素的变化。对本研究区域水体面积和降水、气温、蒸发量、人口的关系,与年际水体面积和对应年份的平均降水、气温、蒸发量、人口做相关性分析,判断哪种因素使面积变化的可能性最大。

$$R_{XY} = \frac{\sum (X_i - \bar{X})(Y_i - \bar{Y})}{\sqrt{\sum (X_i - \bar{X})^2 (Y_i - \bar{Y})^2}}. \tag{7.7}$$

式中:i 为研究时段内年份的序号(范围从 1 到 27);X 和 Y 为两个变量的平均值;X_i 和 Y_i 是两个变量在第 i 年的值。$R_{XY} > 0$,表示 X 与 Y 之间为正相关,当 $R_{XY} \leqslant 0$,表示 X 与 Y 之间为负相关。

(2)趋势分析法

趋势分析法是通过对一组随时间变化的变量进行线性回归分析,从而预测其变化趋势的方法。根据趋势分析法将研究区域 2000—2017 年的降水进行拟合,得到研究区域在时间序列上降水的变化趋势 S。$S > 0$ 时说明降水处于增加趋势,S 值越大说明降水增加得越明显;$S < 0$ 时说明降水处于减少趋势。

$$S = \frac{n \times \sum (i \times p_i) - (\sum i)(\sum p_i)}{n \times \sum i^2 - (\sum i)^2}. \tag{7.8}$$

式中:S 为像元降水回归方程的斜率即趋率;p_i 为第 i 年的年均降水;n 为总年数,$n = 27$;i 为研究时段内年份的序号。

7.6 实验步骤

7.6.1 波段计算(以 1990 年为例)

在 ENVI 主菜单中点击"File"→"Open Image File",加载 1990 年纳木错湖的数据"1990"。

在 ENVI 主菜单中点击"Basic Tools"→"Band Math",在"Enter an expression"下输入波段运算公式:

NDWI：$(\mathrm{float}(b2)-\mathrm{float}(b4))/(\mathrm{float}(b2)+\mathrm{float}(b4))$。

MNDWI：$(\mathrm{float}(b2)-\mathrm{float}(b5))/(\mathrm{float}(b2)+\mathrm{float}(b5))$。

AWEI：$(\mathrm{float}(b1)+2.5*\mathrm{float}(b2)-1.5*(\mathrm{float}(b4)+\mathrm{float}(b6)-0.25*$
$\mathrm{float}(b7)))$。

WI：$(1.7204+171*\mathrm{float}(b2)+3*\mathrm{float}(b3)-70*\mathrm{float}(b4)-45*\mathrm{float}$
$(b6)-71*\mathrm{float}(b7))$。

点击"Add to List"将表达式加入列表中,点击"OK"。在弹出的窗口选择对应波段,设置存储路径,点击"OK"。

图 7.1、7.2、7.3、7.4 所示为计算结果。

图7.1　NDWI 计算结果

图7.2　MNDWI 计算结果

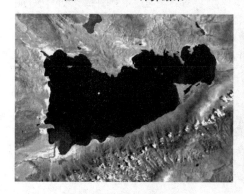

图7.3　AWEI 计算结果

图7.4　WI 计算结果

7.6.2　水体提取(以 1990MNDWI 为例)

(1)确定阈值范围。在主窗口中点击"Tools"→"Cursor Location/Value",查看水体的像素值。如图 7.5 所示,水体的像素值大于 0。点击"Select Plot"→"Histogram：Band 1"。综合水体的灰度值将非水体的阈值范围设置为 Min ~ 0,

水体的阈值范围设置为 0 ~ Max。

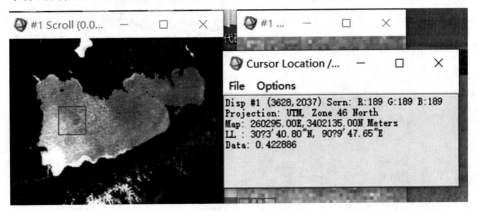

图7.5　查看水体的像素值

（2）在主影像窗口点击"Overlay"→"Density Slice"，选择数据源，点击"OK"，进行密度分割，如图 7.6 所示。点击"Clear Ranges"，删除默认分割区间，点击"Options"→"Add New Ranges"。输入水体的阈值，将"Range Start"设置为 0，"Range End"设置为 Max，颜色设置为白色。再输入非水体的阈值，将"Range Start"设置为 Min，"Range End"设置为 0，颜色设置为黑色。如图 7.7 所示。

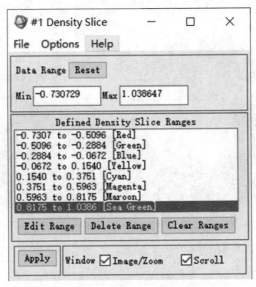

图7.6　密度分割

图 7.7　水体与非水体设置(左为非水体,右为水体)

(3)与原来的卫星影像进行目视解译,查看边界的变化等,以便于保证误差最小,如图 7.8。

图 7.8　目视解译,查看边界

(4)点击"Apply",MNDWI 的结果如图 7.9 所示。对 NDWI 水体提取结果、AWEI 水体提取结果、WI 水体提取结果进行同样的操作。在"Density Slice"中,点击"File"→"Output Ranges to Class Image",设置 MNDWI 水体计算结果的保存路径,注意在保存文件名后加".tif"以生成 GeoTIFF 数据。

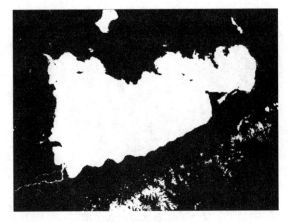

图7.9　水体提取

7.6.3　提取面积统计

（1）打开ArcGIS,加载.tif数据

（2）在"ArcToolbox"中,点击"Conversion Tools"→"From Raster"→"Raster to Polygon",打开栅格数据转面工具,如图7.10所示。在"Input raster"下输入.tif栅格影像,在"Output polygon features"下设置输出面数据的路径,点击"OK"。在生成的矢量文件中选中纳木错湖泊的面状区域,在内容列表中右击,生成矢量文件,选择"Data"→"Export Data","Export"后选择"Selected features",点击"OK",生成纳木错湖矢量文件,如图7.11。在内容列表右击矢量文件,点击打开属性表,查看面积数据(通过添加字段,几何计算得到面积数据)。

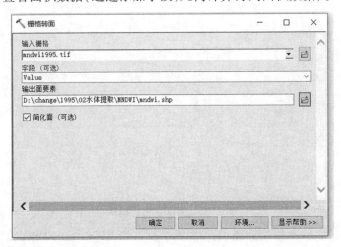

图7.10　栅格转面工具

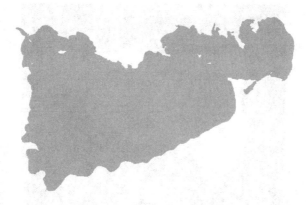

图7.11　纳木错湖矢量图

7.6.4　湖泊面积变化分析

根据对纳木错的面积提取结果(1990、1995采用AWEI水体指数法,其余采用MNDWI水体指数法),得出1990、1995、2000、2005、2010、2015、2017年纳木错面积年际变化情况。在Excel中绘制纳木错湖泊面积变化折线图。如图7.12。

图7.12　面积变化折线图

由图可知:纳木错湖泊面积总体呈上升趋势,1990—2010年湖泊面积持续增加,2010—2015年出现下降趋势,2015—2017年仍保持增加。湖泊面积变化强度,按照公式计算后绘制成折线图,如图7.13。

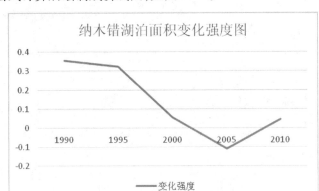

图7.13　纳木错湖泊面积变化强度图

7.7　驱动力分析

7.7.1　气候因子的年均变化特征分析

在表格"降水量、温度、蒸发量. xlsx"中制作各因素与面积变化的相关性散点图、单一因素的变化趋势图,如图7.14、7.15、7.16所示。

从纳木错流域(当雄气象站)1970—2017年温度、降水量及蒸发变化情况可知:年平均气温总体呈显著上升趋势,平均每10年升高0.6 ℃;年降水量总体呈减少趋势,平均每10年减少61.33 mm;年蒸发量也呈显著减少趋势,平均每10年减少6.38 mm。

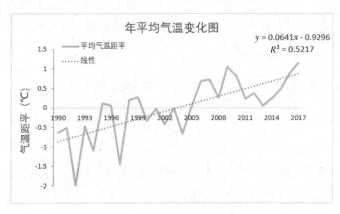

图7.14　年平均气温变化图

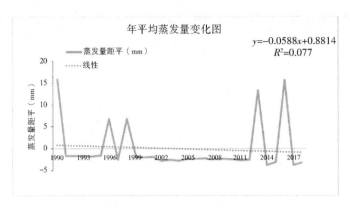

图 7.15　年平均蒸发量变化图

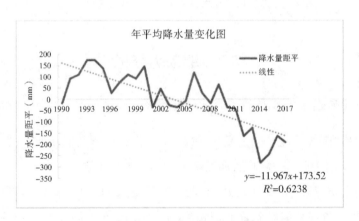

图 7.16　年平均降水量变化图

2010—2015 年,气温总体降低,冰川融雪没那么多,湖泊水量来源减少;湖泊蒸发量比往年大,湖泊水量失去增加;湖泊降水减少,湖泊水量来源减少:所以 2010—2015 年湖泊面积减少。

7.7.2　结合气候因子对湖泊面积进行多元线性回归分析

在"降水量、温度、蒸发量.xlsx"中制作各因素与面积变化的相关性表格,将面积与各因素的数据置于同一个表格,在"数据"中找到"数据分析"下的"回归分析"(如果没有"数据分析"选项卡,则在"文件"选项卡中,找到"选项"‖"加载项")。各因素相关性如图 7.17 所示。

变化强度	
1946.2	0.032884596
1949.4	0.353955063
1983.9	0.322596905
2015.9	0.056550424
2021.6	-0.107835378
2010.7	0.044760531
2015.2	

年份	湖泊面积	年平均温	年平均蒸	年平均降	人口
1990	1946.2	1.49772	8.39451	418.256	35185
1995	1949.4	2.28317	8.21124	374.097	37591
2000	1983.9	2.15328	4.23318	331.433	40630
2005	2015.9	2.99389	4.26719	349.756	44270
2010	2021.6	2.78817	7.04173	204.346	50206
2015	2010.7	3.27472	8.05631	116.607	53470
2017	2015.2				

SUMMARY OUTPUT

回归统计	
Multiple R	0.999879745
R Square	0.999759504
Adjusted R Squ	0.998797521
标准误差	0.324371506
观测值	6

方差分析

	df	SS	MS	F	gnificance F
回归分析	4	437.3947831	109.349	1039.27	0.02326
残差	1	0.105216874	0.10522		
总计	5	437.5			

	Coefficients	标准误差	t Stat	P-value	Lower 95%	Upper 95%	下限 95.0%	上限 95.0%
Intercept	1860.385081	24.23317291	76.7702	0.00829	1552.47	2168.3	1552.47	2168.3
X Variable 1	0.073904658	0.011892468	6.21441	0.10157	-0.0772	0.22501	-0.0772	0.22501
X Variable 2	3.950083327	0.480144029	8.22687	0.07701	-2.1507	10.0509	-2.1507	10.0509
X Variable 3	-0.245574542	0.124693818	-1.9694	0.29911	-1.83	1.33881	-1.83	1.33881
X Variable 4	-0.04355847	0.002880199	-15.123	0.04203	-0.0802	-0.007	-0.0802	-0.007

图 7.17 相关性表格

注: 按从上到下的顺序, X Variable 分别为湖泊面积、年平均温度、年平均蒸发量、年平均降水量。

由数据分析可知,复相关系数 Multiple R 为 0.9998,说明因变量时间与作为一个整体的所有自变量高度相关。

回归方程的检验有三种方法——回归方程显著性检验、回归系数显著性检验和相关系数显著性检验。这三种方法效果相同,选择其一检验即可。Excel 给出的是回归方程的显著性检验结果 Significance F,根据表可得 F = 0.023。通过与显著水平(设定为 0.05)的比较可知回归效果显著,所以可以采用三元线性回归分析。

7.8 练习题

(1)根据目视解译的方法,比较 NDWI、MNDWI、AWEI、WI 的计算精度,并统计纳木错湖泊的水体面积。

(2)将不同年份已处理的面积矢量图放在同一个卫星遥感影像上,观察纳木错湖泊的面积变化方向,并结合各因素对面积变化原因进行分析。

(3)结合降水量、温度、蒸发量的数据进一步分析纳木错湖泊面积变化原因。

7.9　实验报告

(1)根据练习题(1)的统计结果,完成表7.1。

表7.1　纳木错湖泊采用不同水体提取方法的面积对比

方法	面积(m^2)
NDWI	
MNDWI	
AWEI	
WI	

7.10　思考题

(1)本实验采用的水体指数法如何减少原始影像云层、周边小湖泊等对纳木错湖泊面积的误差影响?

(2)由于气温的原因,应该选择什么时期的遥感影像作为实验数据?

(3)比较本实验采取的四种水体指数法,它们各自有哪些优点、哪些缺点?

(4)除了实验中给出的影像因素,还有哪些影响湖泊面积的因素?

(5)实际情况下,区分水体与其他地物的阈值往往不为0,确定合适的阈值的方法是什么?

(6)除了该实验中所用的分析方法,还可以采用哪些更直观的方法对湖泊面积进行分析?

实验 8 基于 Landsat 遥感影像提取近 30 年青海湖面积变化及驱动力分析

8.1 实验要求

根据青海省青海湖区域的 Landsat 遥感影像数据,完成下列分析:

(1)利用水体光谱指数提取该区域的水体,计算其水域面积变化数据。

(2)将提取的湖泊面积数据输入 Excel 软件制作图表,观察其变化趋势。

(3)根据自然因素指标、人为因素指标在 1990—2020 年这一区间内选取 7 个影响青海湖面积变化的指标。将这 7 个指标的数据输入 Excel 软件,利用 SPSS 软件,与面积数据相结合进行驱动力分析。

8.2 实验目标

(1)熟悉水体的光谱响应特征及其与其他地物的光谱特征的差异。

(2)掌握精确提取水体的一般思路与方法。

(3)掌握驱动力分析的一般思路。

8.3 实验软件

ENVI 5.3、ArcMap 10.2、Excel、SPSS 25。

8.4 实验区域与数据

8.4.1 实验数据

"1990":1990 年 6 月青海湖 Landsat-5 TM 多光谱影像数据。

"1995":1994 年 11 月青海湖 Landsat-5 TM 多光谱影像数据。

"2000":1998 年 10 月青海湖 Landsat-5 TM 多光谱影像数据。

"2005":2005 年 6 月青海湖 Landsat-5 TM 多光谱影像数据。

"2010":2010 年 5 月青海湖 Landsat-5 TM 多光谱影像数据。

"2015":2015 年 9 月青海湖 Landsat-8 OLI_TRIS 多光谱影像数据。

"2020":2020 年 8 月青海湖 Landsat-8 OLI_TRIS 多光谱影像数据。

辅助数据:驱动力分析.xlsx。

8.4.2 实验区域

青海湖,地处青藏高原的东北部,西宁市的西北部,位于北纬 36°32′ ~ 37° 15′、东经 99°36′ ~ 100°16′之间。青海湖由祁连山脉的大通山、日月山与青海南山之间的断层陷落形成,是中国最大的内陆湖泊。

8.5 实验原理与分析

水体总体呈现出较低的反射率,具体表现为在可见光的波长范围内(480 nm 到 580 nm,相当于 TM/ETM + 的 Band 1 和 Band 2),其反射率为 4% ~ 5%,到 580 nm 处,则下降为 2% ~ 3%;当波长大于 740 nm 时,几乎所有入射能量均被水体吸收。清水在不同波段的反射率由高到低可近似表示为:蓝光 > 绿光 > 红光 > 近红外 > 中红外。因为水体在近红外波段及中红外波段(740 nm 到 2500 nm,相当于 TM/ETM + 的 Band 4、Band 5 和 Band 7)具有强吸收的特点,而植物、土壤等在这一波长范围内则具有较高的反射性,所以这一波长范围可用来区分水体与土壤、植被等其他地物。提取水体的方法有很多种,常用的有水体指数法、区域生长法、缨帽变换法。本实验采用水体指数法进行水域面积的提取,水体指数法是利用水体的光谱特征,采取波段组合的方法抑制其他地物的信息,从而达到突出水体的目的。常用的水体指数法有:

水体指数 WI_{2015}(Water Index 2015)、多波段水体指数 MBWI(Multi-Band Water Index)、归一化差异水体指数 NDWI(Normalized Difference Water Index)、改进的归一化差异水体指数 MNDWI(Modified Normalized Difference Water Index)和自动水提取指数 $AWEI_{sh}$(Automated Water Extraction Index)。

(1)水体指数 WI_{2015}

水体指数 WI_{2015},是在 WI_{2006} 的基础上提出的一种新的基于线性判别分析的水体提取算法。其公式如表 8.1 中的(8.1)所示。

(2)归一化差异水体指数 NDWI

归一化差异水体指数 NDWI,削弱了植被、土壤等非水体因素的影响,其在一般的大型湖库水体提取中卓有成效,但在城区的水体提取中仍存在大量的干扰信息。在构建NDWI指数时,着重采集植被因素,却忽略了地表的另外两个重要地类——土壤、建筑物。其公式如表8.1中的(8.2)所示。

(3)改进的归一化差异水体指数MNDWI

改进的归一化差异水体指数MNDWI,是在NDWI方法的基础上,利用Landsat TM短波红外波段(TM5)代替近红外波段(TM4)提出的,可以有效地抑制建筑物和土壤信息,减少噪声。通常选择直方图两个峰间的谷所对应的灰度值求出阈值。其公式如表8.1中的(8.3)所示。

(4)多波段水体指数MBWI

多波段水体指数MBWI,能够削弱山区阴影和建筑物暗像元的影响,同时能够减轻因太阳条件变化而产生的季节性影响。其公式如表8.1中的(8.4)所示。

(5)自动水提取指数AWEI

自动水提取指数AWEI,是基于TM影像数据提出的。AWEI的主要目标是通过波段相减、相加,以及给波段赋予不同的系数,来达到将水体和非水体像元进行最大限度的分离的目的。其公式如表8.1中的(8.5)所示。波段信息如表8.2所示。

表8.1 五种不同的水体指数法

指数	方程
WI_{2015}	$WI_{2015} = 1.7204 + 171Green + 3Red - 70NIR - 45SWIR1 - 71SWIR21$ ⋯⋯ (8.1)
NDWI	$NDWI = \dfrac{Green - NIR}{Green + NIR}$ ⋯⋯⋯⋯⋯⋯⋯⋯⋯⋯⋯⋯⋯⋯⋯⋯⋯⋯ (8.2)
MNDWI	$MNDWI = \dfrac{Green - MIR}{Green + MIR}$ ⋯⋯⋯⋯⋯⋯⋯⋯⋯⋯⋯⋯⋯⋯⋯⋯ (8.3)
MBWI	$MBWI = 2Green - Red - NIR - WIR1 - WIR2$ ⋯⋯⋯⋯⋯⋯⋯ (8.4)
$AWEI_{sh}$	$AWEI_{sh} = Bule + 2.5Green - 1.5(NIR + SWIR1) - 0.25SWIR2$ ⋯⋯⋯⋯ (8.5)

表8.2 Landsat-5和Landsat-8的影像波谱波段信息

卫星	变量	Blue	Green	Red	NIR	SWIR1	SWIR2
Landsat-5	范围	0.45~0.52	0.52~0.60	0.63~0.69	0.76~0.90	1.55~1.75	2.08~2.35
	带宽	0.07	0.08	0.06	0.14	0.2	0.27

续表 8.2

卫星	变量	Blue	Green	Red	NIR	SWIR1	SWIR2
Landsat-8	范围	0.45~0.51	0.53~0.59	0.64~0.67	0.85~0.88	1.57~1.65	2.11~2.29
	带宽	0.06	0.06	0.03	0.03	0.08	0.08

8.6 实验步骤

8.6.1 波段计算

(1)在 ENVI 主菜单中点击"File"→"Open Image File",加载 2010 年青海湖数据"2010"。

(2)在 ENVI 主菜单中点击"Basic Tools"→"Band Math",在"Enter an expression"下输入波段运算公式(以 NDWI 为例):(float(b2) − float(b4))/(float(b2) + float(b4)),点击"Add to List"将表达式加入列表中,点击"OK"。在弹出的窗口为 b2 和 b4 选择波段,设置存储路径,点击"OK"。结果如图 8.1 所示。按照上述步骤计算出 WI_{2015}、MBWI、MNDWI、$AWEI_{sh}$ 的结果,并将结果与 NDWI 计算结果进行对比,选择精度更高的计算结果进行接下来的操作。

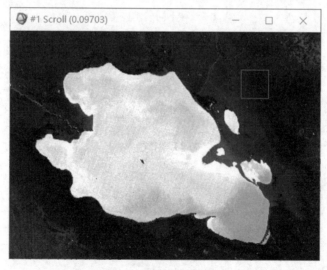

图 8.1 NDWI 计算结果

8.6.2 水体提取

（1）确定阈值范围。在主窗口点击"Tools"→"Cursor Location/Value"，查看水体的像素值。如图8.2所示，水体的像素值基本大于0。

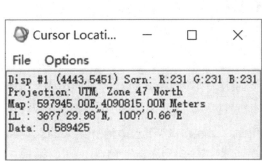
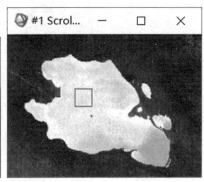

图 8.2　查看水体的像素值

（2）进行密度分割，区分水体和非水体。打开 ENVI，加载 Band Math 计算结果，在内容列表选中 Band Math 计算结果，单击鼠标右键，选择"New Raster Color Slice"，选择数据源，点击"OK"，进行密度分割，如图8.3所示。点击按钮 ，删除默认分割区间，点击按钮 。输入水体的阈值，将"Range Start"设置为0.34，"Range End"设置为 Max，颜色设置为白色。再输入非水体的阈值，将"Range Start"设置为 Min，"Range End"设置为0.34，颜色设置为黑色。如图8.4所示。

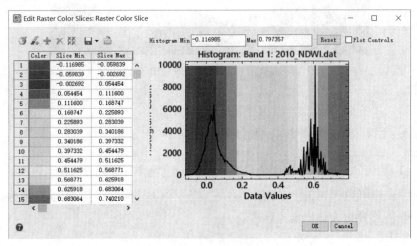

图 8.3　密度分割

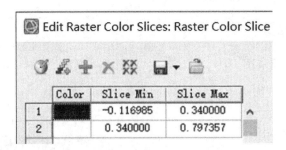

图 8.4　水体与非水体设置

（3）导出数据。点击"OK"，NDWI 的结果如图 8.5 所示。对 MNDWI 水体提取结果进行同样的操作。在内容列表选中阈值分割结果，单击鼠标右键，选择"Export Color Slice"，点击"Class Image"，设置 NDWI 水体计算结果的保存路径。单击鼠标右键选择"Export Color Slice"，点击"Shapefile"保存为矢量数据。

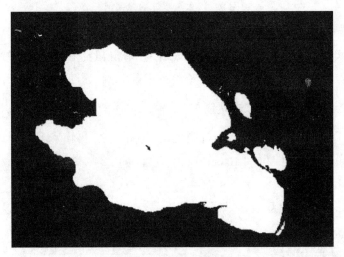

图 8.5　NDWI 计算结果

8.6.3　目视解译提取青海湖区域

（1）打开 ArcMap，加载阈值分割后导出的矢量数据（以 2010 年为例）。打开属性表查看数据，如图 8.6 所示。可以发现 CLASS_ID 字段的唯一值为"1"或"2"，分别代表水体和非水体。

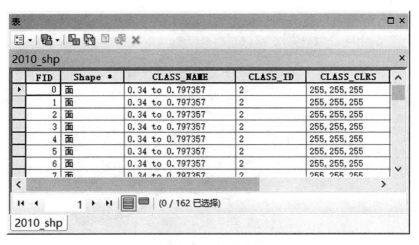

图8.6　数据属性表

（2）筛选非水体部分，首先按属性选出非水体部分，具体操作如下：在主界面点击"选择"→"按属性选择"，在 SELECT * FROM 2010_shp WHERE：中输入 "CLASS_ID" = '1'，点击"确定"，如图8.7所示。

（3）删除非水体，打开"编辑器"开始编辑，删除筛选出的结果，进行第一次删除，后根据实际情况删除较为明显的非水体部分，得到结果，如图8.8所示。

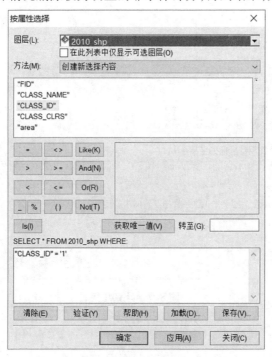

图8.7　筛选非水体部分

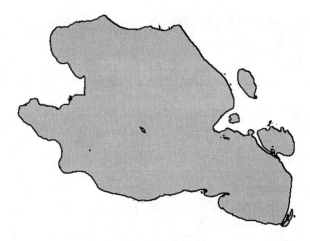

图 8.8　属性表面积图

（4）计算水体面积。首先，选择"编辑器"→"停止编辑"→"保存编辑结果"。在内容列表选中数据源，单击右键，点击菜单中的"打开属性表"，添加字段命名 area，类型为双精度，选中 area 字段，单击鼠标右键，点击菜单中的"计算几何"，如图 8.9 所示，得出每条数据的面积。选中 area 字段，单击鼠标右键，点击菜单中的"统计"，查看统计结果（如图 8.10 所示），得到总面积数据。

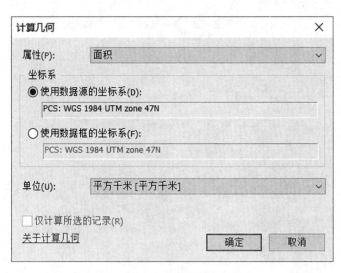

图 8.9　计算几何

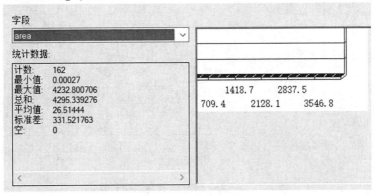

图 8.10 统计结果

8.7 驱动力分析

8.7.1 湖泊面积年变化速率

（1）湖泊面积年变化速率

年变化速率是衡量水体面积扩张或萎缩的一个指标,其计算公式如下:

$$B = \frac{S_{末} - S_{初}}{S_{初}} \times \frac{1}{T} \times 100\% .$$
(8.6)

式中:B 表示研究时段内湖泊面积年变化速率,$B > 0$,表示水体面积增加,反之,则表示水体面积减少;$S_{末}$,$S_{初}$ 分别表示湖泊研究期末和研究期初的水体面积;T 为研究间隔时段年数。

（2）湖泊面积变化强度指数

构建湖泊面积变化强度指数,定量分析水体面积变化相对强度。其计算公式如下:

$$Q = \frac{\Delta S_a}{\Delta T_a \times S} \times 100\% .$$
(8.7)

式中:Q 表示自然湖面变化强度指数;ΔS_a 表示 a 时段内自然湖面变化面积;ΔT_a 表示研究时间差;S 表示湖泊总面积。

根据公式计算湖泊面积年变化速率及强度指数表,结果见图 8.11 和表 8.3。

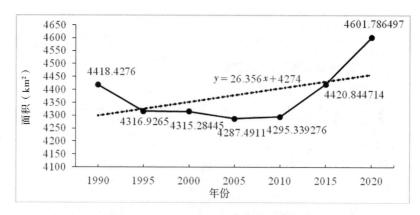

图 8.11   1990—2020 年青海湖面积变化

表 8.3   湖泊面积年变化速率及强度指数

年份	面积	变化量	年变化速率	湖泊变化强度指数 Q
	km^2	km^2	%	
1990	4418.43			
1995	4316.93	−101.50	−0.46%	−0.46
2000	4315.28	−1.65	−0.01%	−0.01
2005	4287.49	−27.79	−0.13%	−0.13
2010	4295.34	7.85	0.04%	0.04
2015	4420.84	125.50	0.58%	0.58
2020	4601.79	180.95	0.82%	0.82

由图 8.11 和表 8.3 可以看出,1990 年青海湖自然面积为 4418.43 km^2,2020 年面积为 4601.79 km^2,1990—2020 年青海湖面积增加了 183.36 km^2,整体呈逐年扩张趋势。青海湖面积变化具有明显的阶段性差异。

第一阶段(1990—2010 年)是湖泊面积缓慢减少阶段,水体面积减少了 130.94 km^2;湖泊面积迅速扩张阶段(2010—2020 年)扩张了 306.45 km^2。与第一阶段相比,第二阶段增长速率成倍加快,30 年间,变化速率呈加快的趋势。

8.7.2   主成分分析

主成分分析法是利用降维的思想,把多指标转化为少数几个综合指标,其中每个主成分都能够反映原始变量的大部分信息,且所含信息互不重复。因此,本文根据主成分分析法的原理,按照主导性、覆盖性和代表性原则,结合青海湖的实际情况从自然因素指标、人为因素指标两个方面从 1990—2020 年这个区间内选取了 K$_1$(刚察平均风速,单位为 m/s)、K$_2$(刚察日照时数,单位为

h)、K_3(温度,单位为℃)、K_4(降水量,单位为 mm)、K_5(西宁市常住人口,单位为万人)、K_6(西宁耕地面积,单位为公顷)、K_7(西宁工业总产值,单位为万元)这 7 个影响青海湖湖泊面积变化的指标。

具体操作步骤如下:

(1)将驱动力分析.xlsx 中的驱动力数据复制到 SPSS 中,在 SPSS 主菜单中,点击"分析"→"降维"→"因子",选择变量,如下图 8.12 所示。

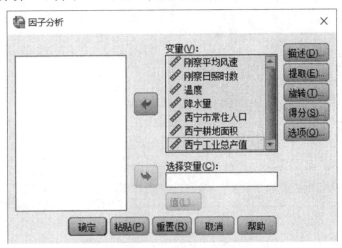

图 8.12 因子分析

(2)在"因子分析"菜单中,点击"描述",勾选相应的项,点击"旋转"勾选"最大方差法",如图 8.13 所示。最后点击"因子分析"工具中的"确定",得出结果,如图 8.14 所示。

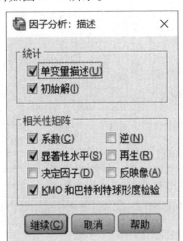
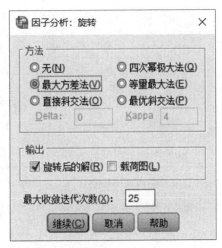

图 8.13 因子分析数据设置

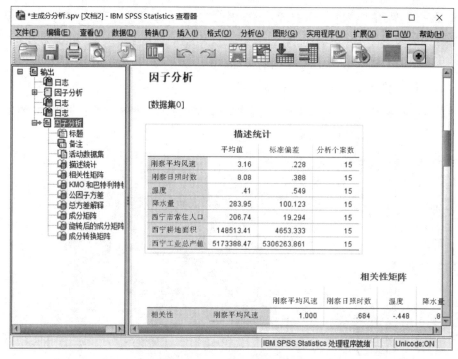

图 8.14　主成分分析结果

（3）对结果进行整理，得到如下结果（表 8.4、表 8.5、表 8.6）。

表 8.4　相关性矩阵

变量	K_1	K_2	K_3	K_4	K_5	K_6	K_7
K_1	1.000						
K_2	0.684	1.000					
K_3	−0.448	−0.099	1.000				
K_4	0.810	0.723	−0.484	1.000			
K_5	−0.834	−0.572	0.636	−0.743	1.000		
K_6	−0.053	0.268	−0.192	0.081	0.011	1.000	
K_7	−0.756	−0.593	0.590	−0.888	0.745	−0.225	1.000

注：K_1 为刚察平均风速（m/s）；K_2 为刚察日照时数（h）；K_3 为温度（℃）；K_4 为降水量（mm）；K_5 为西宁市常住人口（万人）；K_6 为西宁耕地面积（公顷）；K_7 为西宁工业总产值（万元）。

如表 8.4 所示,该表主要用于判断各变量之间的线性相关性,从而决定变量的取舍,即如果某一个变量与同一分组中的其他变量之间的关联性不强,则舍弃该变量。

相关系数最早是由统计学家卡尔·皮尔逊设计的统计指标,是研究变量之间的线性相关程度的量。K 的绝对值若在 0.8 以上,则认为 A 和 B 有强相关性;在 0.3 和 0.8 之间,则认为 A 和 B 有弱相关性;在 0.3 以下,则认为 A 和 B 没有相关性。K_1、K_4、K_5、K_7 这四个变量的相关性系数的绝对值在 0.8 以上,说明它们之间存在一部分重叠;K_2、K_3、K_6 的相关性系数在 0.8 以下,说明信息存在较少的重叠。

表 8.5 主成分的特征值及累积贡献率

主成分	特征值	贡献值	累积贡献率(%)
1	4.297	61.380	61.380
2	1.098	15.688	77.067
3	1.012	13.589	90.657
4	0.310	4.435	95.092
5	0.157	2.244	97.336
6	0.125	1.788	99.123
7	0.061	0.877	100.000

由表 8.5 可知:主成分 1 的特征根为 4.297,主成分 2 的特征根为 1.098,主成分 3 的特征根为 1.012,特征根均大于 1,可作为主成分分析提取的成分;且主成分 1、主成分 2 和主成分 3 的累积贡献率达到了 90.657%,表明这三个成分涵盖了大部分信息,能够代表所选取的 7 个指标来分析湖泊面积变化的驱动力。

表 8.6 主成分载荷矩阵

变量	K_1	K_2	K_3	K_4	K_5	K_6	K_7
第一主成分	0.902	0.744	−0.628	0.930	−0.895	0.165	−0.917
第二主成分	−0.236	0.181	−0.080	−0.048	0.195	0.977	−0.093
第三主成分	0.131	0.583	0.743	0.124	0.142	−0.031	0.074

由表 8.6 可知,第一主成分与刚察平均风速、刚察降水量、西宁市常住人

口、西宁工业总产值有很大的相关性,可总结为自然因素和人为因素;第二主成分与西宁耕地面积有较大的相关性,结合实际,推断是退耕还草/林的政策的影响。由此可知,影响湖泊面积变化的主要因素有平均风速、降水量、其他人为因素以及退耕还草/林政策实施等因素的影响。

8.7.3 线性多元回归

多元回归分析预测法是通过对两个或两个以上的自变量与一个因变量的相关分析,建立预测模型进行预测的方法。该方法不仅可以提供变量间相关关系的数学表达式,而且可以利用概率统计知识对此关系进行分析,以判别其有效性,还可以利用关系式,根据一个或多个变量值,预测和控制另一个因变量的取值,进一步可以知道预测和控制达到了何种程度,并进行因素分析。

$$Y = b_0 + b_1 X_{11} + b_2 X_{12} + \cdots + b_p X_{1p} + \varepsilon_1$$
$$Y = b_0 + b_1 X_{21} + b_2 X_{22} + \cdots + b_p X_{2p} + \varepsilon_2$$
$$\vdots$$
$$Y = b_0 + b_1 X_{n1} + b_2 X_{n2} + \cdots + b_p X_{np} + \varepsilon_n$$

其中,$\varepsilon_r (r = 1, 2, \cdots, n)$ 为随机误差变量,一般假定 $\varepsilon_r \sim N(0, \sigma)$,$\varepsilon_r$ 与 X_r 不相关。利用 n 组数据可建立的回归方程为:

$$Y = b_0 + b_1 X_1 + b_2 X_2 + \cdots + b_p X_p.$$

其中,b_0 是常数项,而 $b_j (j = 1, 2, \cdots, p)$ 是 Y 对 X_j 的回归系数估计值。

多元线性回归模型在计算出回归模型后,要对模型进行各种检验,其中包括:判定系数检验(R 检验)、回归系数显著性检验(T 检验)、回归方程显著性检验(F 检验)。若回归方程的显著性检验未通过,可能是因为选择自变量时漏掉了重要的影响因素,或是自变量与因变量间的关系是非线性的,应重新建立预测模型。

具体步骤如下:

(1)将"驱动力分析.xlsx"中相关性分析工作表中的对应数据复制到 SPSS 的数据视图中,修改变量视图对应的名称。在 SPSS 主菜单中,点击"分析"→"回归"→"线性",选择面积为因变量,其余为自变量,如图 8.15 所示。

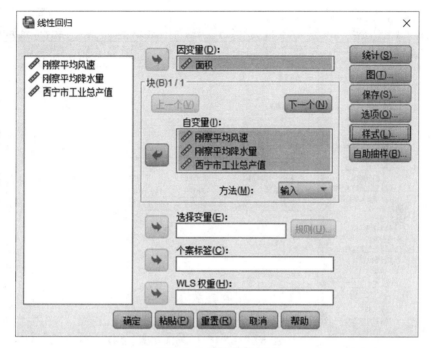

图 8.15　线性回归分析

（2）在"线性回归"菜单中，点击"统计"，勾选相应的项，点击"继续"，如图 8.16 所示。点击"线性回归"主菜单中的"确定"，即可得到结果，如图 8.17 所示。

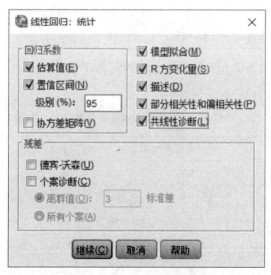

图 8.16　线性回归数据设置

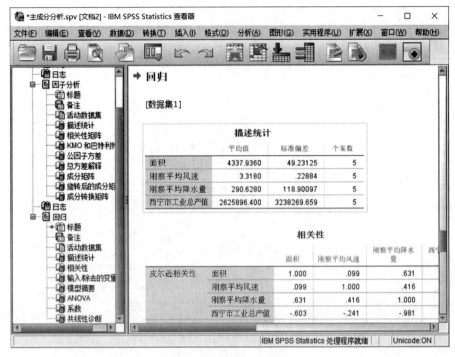

图 8.17　线性回归结果

（4）对结果进行整理，得到如下结果（表 8.7、表 8.8）。

表 8.7　模型概述

R	R^2	F 值	显著性	$R^2_{调整}$	估计的标准差
0.996	0.992	41.078	0.114	0.968	9.478

从表 8.7 可得整体相关系数 $R = 0.996$，判定系数 $R^2 = 0.992$，调整的 $R^2 = 0.968$，说明样本的回归效果较好。

表 8.8　回归方程各变量系数

	非标准化系数		标准化系数	t	显著性
	B	标准误差	B_{eta}		
常量	3924.971	79.446		49.404	0.013
刚察平均风速（m/s）	−564.731	66.994	−2.447	−8.430	0.075
刚察平均降水量（mm）	6.030	0.642	13.573	9.397	0.067
西宁市工业总产值（万元）	0.0001	0.000	12.210	9.021	0.070

从表 8.8 可以看出，该多元线性回归方程为 $Y = 3924.971 - 564.731X_1 +$

$6.030X_2 - 0.0001X_3$。其中，Y 为湖泊面积；X_1 为刚察平均风速；X_2 为刚察平均降水量；X_3 为西宁市工业总产值。

首先对模型进行 T 检验，表 8.8 中 $t_1 = 49.404, t_2 = -8.430, t_3 = 9.379, t_4 = 9.021$，查 $\alpha = 0.05$ 时 t 分布的双侧临界值表，得 $t(n - p - 1) = t_{0.05}(1) = 12.706$。因此，在常数项及 X_1、X_2、X_3 这四个回归系数中，只有常数项在统计结果上是显著的。

进行 F 检验，根据表 8.7 可得统计量 $F = 41.078$。查 $\alpha = 0.05$ 时 F 检验的临界值表，得 $F_\alpha(p, n - p - 1) = F_{0.05}(3, 1) = 215.707$，从而有 $F = 41.078 < F_{0.05}(3, 1) = 215.707$，回归效果不显著。由此可知，已建立的三元线性回归方程无效。

多元线性回归模型法对湖泊面积变化的预测，在满足相关统计检验要求时，获得的结果具有一定的科学性和有效性。根据青海湖湖泊面积变化与三个相关性较高的因子建立的多元线性回归方程无效，或许可进一步说明，影响湖泊面积变化的因素较为复杂。

8.7.4　结论

应用青海湖近 30 年的 Landsat 卫星遥感资料，我们提取了青海湖的水体，计算其面积变化趋势，并分析了其周围气象站点的多个气象要素的长期变化，同时探求它们与青海湖面积变化的关系。得到的主要结论如下：

(1)青海湖湖泊整体变化表现为一条凹形曲线，即湖泊面积经历了从逐步减小到逐步增大的过程，2010 年为湖泊面积变化的拐点且此时的湖泊面积为研究时间段的最低值点。在湖泊面积缓慢减少阶段(1990—2010 年)，青海湖面积减少了 130.94 km^2。在湖泊面积迅速扩张阶段(2010—2020 年)，青海湖面积增加了 306.45 km^2。整体上，1990—2020 年青海湖面积增加了 183.36 km^2。通过水体提取结果发现东部沙岛湖、海晏湾湖地带和西部鸟岛地带面积变化符合年际变化趋势，但是变化较其他地区更为明显。这说明，除了自然因素的影响，它还受到其他因素的影响，导致水位上升。

(2)本实验选取了近 20 年青海湖周围的气象要素资料进行分析，并利用小波分析法对这些要素进行能量周期分析，这些要素主要有气温、降水量、蒸发量和日照时数。气温变化和日照主要影响青海湖面积变化的整体趋势；降水量和蒸发量是造成青海湖面积变化的主要因素。通过相关性分析可知,整体而言,青海湖面积变化与气温和蒸发量存在一定的相关性。

(3)通过主成分分析得出,青海湖面积变化主要与降水、风速、日照时数等自然因素呈现强的正相关性,与人口和工业产值呈现强的负相关性。

(4)通过多元线性回归分析结果以及实际情况可推断,除气象要素和人口要素外,还有其他因素会对青海湖的面积造成影响。青海湖是中国最大的内陆湖,湖泊周围地势复杂、气候多变、人口密集。单从气候变化的角度讨论其对青海湖的影响是远远不够的,还有其他许多未知的不定性因素共同影响着青海湖周围的气候和湖泊面积。

(5)根据分析结果提出以下猜测:

①湖泊周围的地势构造影响湖盆形状,从而导致湖泊对水量变化的响应速度不同。

②湖泊周围的人类活动,如人工蓄水、农业灌溉、盐湖工业开发和生态环境改造等,也对湖泊面积变化产生影响。

③全球气候变暖、冰川退缩,导致湖泊支流入湖水量增加。

因此,除了讨论青海湖周围的气象要素的变化,还应该说明和解释其他因素可能对湖泊面积造成的影响。这些因素同样影响着青海湖的面积,希望以后能通过更多的资料对气象要素以外的因素做分析探讨,从而更全面地掌握湖泊面积变化特征。

8.8　练习题

(1)根据计算结果,比较同样条件下 WI_{2015}、MBWI、MNDWI、$AWEI_{sh}$ 与 NDWI 的计算精度,进行精度评价,并统计利用五种公式计算的水体面积。

(2)挑选出各年份中水体提取精度较高的结果进行对比,分析湖泊面积变化趋势,观察湖泊东西南北方向面积变化趋势,并结合各方向的地势等因素进行面积变化原因分析。

8.9　实验报告

(1)根据练习题(1)的计算结果,完成表8.9。

表8.9　采用五种水体提取方法提取的青海湖面积对比

方法	面积(km^2)
NDWI	
WI$_{2015}$	
MNDWI	
MBWI	
AWEI$_{sh}$	

（2）完成所有年份的青海湖面积的提取，计算出面积转移矩阵，分析其变化趋势。

8.10　思考题

（1）本实验采用的水体指数法，如何减少原始影像云层、周边小湖泊等对青海湖面积的误差影响？

（2）实际情况下，由于水体表面植被、影像云层等多种因素的影响，区分水体与其他地物的阈值往往不为0，应该如何确定合适的阈值？

（3）如何解决镶嵌后的图像裂缝两边颜色深浅不同导致面积提取存在误差的问题？

（4）除了实验中提到的影响因素，还存在哪些影响湖泊面积变化的因素？

（5）根据本实验思考：还可以运用哪些更直观的方法对湖泊面积进行驱动力分析？

实验 9　基于 Landsat 遥感数据的高邮湖自然水域面积变化及驱动力分析

9.1　实验要求

根据实验区域的 Landsat 影像数据,进行如下分析:

(1)利用 MNDWI 水体指数提取该区域的水体。

(2)运用监督分类法提取该区域的自然水体和围网养殖区域。

(3)运用 NDVI 指数提取该区域的自然水体和围网养殖区域。

(4)运用主成分分析法提取该区域的自然水体和围网养殖区域。

(5)采用纹理分析法和决策树分类法提取该区域的自然水体和围网养殖区域,分别统计面积。

(6)结合气温、降水等气象因子分析该区域的自然水域面积变化。

9.2　实验目标

(1)熟悉水体的光谱响应特征及其与其他地物的光谱特征的差异。

(2)掌握精确提取水体的一般思路与方法。

9.3　实验软件

ENVI 5.3、ArcGIS 10.2、Excel。

9.4　实验区域与数据

9.4.1　实验数据

"实验指导数据"文件夹→"Landsat 预处理后数据"文件夹:

"reflectance_1990":1990 年 10 月预处理后 Landsat-5 TM 影像数据。

"reflectance_1993":1993 年 10 月预处理后 Landsat-5 TM 影像数据。

"reflectance_1997":1997 年 10 月预处理后 Landsat-5 TM 影像数据。

"reflectance_2000":2000 年 10 月预处理后 Landsat-5 TM 影像数据。

"reflectance_2004":2004 年 10 月预处理后 Landsat-5 TM 影像数据。

"reflectance_2009":2009 年 10 月预处理后 Landsat-5 TM 影像数据。

"reflectance_2014":2014 年 10 月预处理后 Landsat-8 OLI 影像数据。

"reflectance_2020":2020 年 10 月预处理后 Landsat-8 OLI 影像数据。

"气象数据"文件夹→"气象数据":高邮湖气象监测站数据,包括气温和降水数据。

"高邮湖矢量数据"文件夹→"gaoyou":高邮湖矢量数据。

"自然水体验证点数据"文件夹→"water_2020_点":高邮湖自然水体验证点数据。

"围网养殖区域验证点数据"文件夹→"weiwang_2020":高邮湖围网养殖区域验证点数据。

"其他区域数据"文件夹→"Y2007":2007 年 7 月博斯腾湖 Landsat-7 ETM+多光谱影像数据。

9.4.2 实验区域

高邮湖,位于国家历史文化名城江苏省高邮市,是江苏省第三大淡水湖。高邮湖连接江苏、安徽两省,又称珠湖、璧瓦湖,水域总面积为 780 平方千米,水位常年保持在 8.5 米以上。高邮湖在高邮市境内的水域面积为 431.5 平方千米,占高邮湖总水域面积的 55%,为淮河入江水道。高邮湖属浅水型湖泊,众多湖滩分布东西,周围地形以平原为主,属亚热带温润气候区,常年主导风向为东南风。高邮湖是"中国湿地保护行动计划"中的国家级重要保护湿地,生态区位重要,是许多国家重点保护野生鸟类和鱼类的繁殖栖息地,在高邮市现代农业、居民供水、调蓄防洪等方面起着重要的支柱作用。

9.5 实验原理与分析

水体总体呈现出较低的反射率,具体表现为在可见光的波长范围内(480 nm 到 580 nm,相当于 TM/ETM+ 的 Band 1 和 Band 2;相当于 OLI 的 Blue 波段 Band 2 和 Green 波段 Band 3),其反射率为 4%~5%,到 580 nm 处,则下降为 2%~3%;当波长大于 740 nm 时,几乎所有入射能量均被水体吸收。清水在不同波段的反射率由高到低可近似表示为:蓝光 > 绿光 > 红光 > 近红外 > 中红外。因为水体在近红外波段及中红外波段(740 nm 到 2500 nm,相当于 TM/ETM + 的 Band 4、Band 5 和 Band 7,相当于 OLI 的 NIR 波段 Band 5、SWIR1 波段 Band 6、SWIR2 波段 Band 7)具有强吸收的特点,而植物、土壤等在这一波长范围内则具有较高的反射性,所以这一波长范围可被用来区分水体与土壤、植被等其他地物。提取水体的方法有很多种,常用的有水体指数法、区域生长法、缨帽变换法,本次实验使用的是 MNDWI 水体指数法。

水体指数法,利用水体的光谱特征,采取波段组合的方法抑制其他地物的信息,从而达到突出水体的目的。常用的水体指数有归一化差异水体指数(Normalized Difference Water Index,NDWI)、改进的归一化水体指数(Modified NDWI,MNDWI),公式如(9.1)所示。在构建 NDWI 指数时,着重采集植被因素,却忽略了地表的另外两个重要地类——土壤、建筑物。MNDWI 则可以有效地抑制建筑物和土壤信息,减少噪声。通常选择直方图两个峰间的谷所对应的灰度值求出阈值。

$$\text{MNDWI} = \frac{\text{Green} - \text{MIR}}{\text{Green} + \text{MIR}}. \tag{9.1}$$

式中:Green 对应 TM 影像的 Band 2、OLI 影像的 Band 3;MIR 对应 TM 影像的 Band 5、OLI 影像的 Band 6。

植被指数法直接选取与植被覆盖度有良好相关性的植被指数运算即可,此方法适用于大尺度范围,小范围的估算精度相对较低。这两种方法都是利用植被指数近似估算植被覆盖度,其中使用最广泛的是归一化植被指数(Normalized Difference Vegetation Index,NDVI),它主要利用红光和近红外波段对植被敏感的特性。其计算公式为:

$$\text{NDVI} = \frac{\text{NIR} - \text{R}}{\text{NIR} + \text{R}}. \tag{9.2}$$

其中,NIR 和 R 分别为遥感影像中近红外波段和红光波段的反射率数据。$-1 \leqslant \text{NDVI} \leqslant 1$,负值表示地面覆盖为云、水、雪等;0 表示有岩石或裸土等,NIR 和 R 近似相等;正值表示有植被覆盖,且随覆盖度增大而增大。

主成分分析(Principal Component Analysis,PCA),将多个变量通过线性变换以选出较少个数的重要变量的一种多元统计分析方法,又称主分量分析。

监督分类和非监督分类的根本区别在于是否利用训练样地来获取先验的

类别知识。非监督分类不需要更多的先验知识,根据地物的光谱特征进行分类;监督分类根据分类区的地物影像特征的先验知识建立训练样地进行分类。监督分类算法包括最小距离法、马氏距离法、最大似然法等。

纹理被认为是一种反映图像中同质现象的视觉特征,体现了物体表面共有的内在属性。纹理特征包含了物体表面结构组织排列的重要信息及它们与周围环境的关系,是应用广泛的一种非光谱特征。遥感影像的纹理信息有助于推进影像的自动化解译,纹理与光谱特征的结合有利于影像分类精度的提高,可以使人们更好地从遥感数据中提取各种有用的专题信息。纹理特征的提取方法主要有两类,即空间自相关函数方法和灰度共生矩阵方法。灰度共生矩阵描述了统计空间上具有某种位置关系的两个像元间从某一灰度过渡到另一灰度的概率。该方法对图像中的所有像素进行统计,以便描述其灰度的分布。通过研究灰度的空间相关特性来描述纹理,是目前最常见、应用最广泛、效果最好的一种纹理统计方法。ENVI 软件提供了 8 种灰度共生矩阵特征的计算方法,分别为均值、方差、对比度、熵、相关性、差异性、同质性和角二阶矩。本次实验通过计算均值、对比度与熵值进行对比,发现均值的统计效果更好,因此本次实验采用均值作为最佳提取统计量。

决策树是一种树形结构,为人们提供决策依据。每个内部节点表示一个属性的测试,每个分支代表一个测试输出,每个叶节点代表一种类别。决策树可以用来回答 yes 或 no 的问题,它通过树形结构将各种情况组合都表示出来,每个分支表示一次选择(选择 yes 还是 no),直到所有选择都进行完毕,最终给出正确答案。

9.6 实验步骤

9.6.1 自然水体和围网养殖区提取

1. MNDWI 计算

(1)在 ENVI 主菜单中点击"File"→"Open Image File",加载 2020 年高邮湖预处理后数据"reflectance_2020"。

(2)在 ENVI 主菜单中点击"Basic Tools"→"Band Math",在"Enter an expression"下输入波段运算公式:$(float(b2) - float(b4)/(float(b2) + float(b4)))$,点击"Add to List"将表达式加入列表中,点击"OK"。在弹出的窗口为 b2 和 b4

选择波段,设置存储路径,点击"OK"。图 9.1 所示为 MNDWI 计算结果。同理,根据以上步骤,计算其他影像数据的 MNDWI 结果。

图 9.1　2020 年影像的 MNDWI 计算结果

2. NDVI 计算

(1)打开 ENVI 软件,点击"File"→"Open Image File",选择图像"reflectance_2020",以 Band 4、Band 3、Band 2 合成 RGB 显示在 Display 中。

(2)在 ENVI 主菜单中点击"Basic Tools"→"Band Math",打开"Band Math"对话框。在"Band Math"对话框的输入栏中输入:(float(b1) − float(b2))/(float(b1) + float(b2)),点击"Add to List",再点击"OK"。

注意:在 b1、b2 前加 float,是为了防止计算时出现字节溢出错误。

(3)在弹出的"Variables to Bands Pairings"对话框中,为 b1、b2 赋值,设置存储路径,如图 9.2 所示。

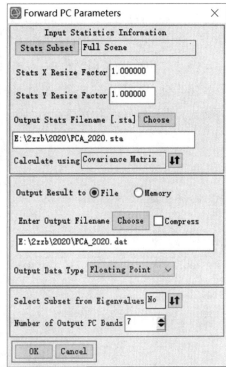

图9.2 "Variables to Bands Pairings"对话框   图9.3 "Forward PC Parameters"对话框

3. 主成分分析(PCA)

(1)打开 ENVI 软件,在 ENVI 主菜单点击"File"→"Open Image File",选择图像"reflectance_2020",以 Band 4、Band 3、Band 2 合成 RGB 显示在 Display 中。

(2)在 ENVI 主菜单中选择"Transforms"→"Principal Components"→"Forward PC Rotation"→"Compute New Statistics and Rotate",在弹出的"Forward PC Parameters"对话框中,设置输出文件路径,如图9.3所示。

4. 监督分类

(1)打开 ENVI 软件,在 ENVI 主菜单中点击"File"→"Open Image File",选择图像"reflectance_2020",以 Band 4、Band 3、Band 2 合成 RGB 显示在 Display 中。

注意:在运用遥感影像进行地物分类时,ROI 的选取是根据影像的特征(色调、纹理、图案等)和野外调查,建立解译标志进行的。本实验根据影像特征进行 ROI 选取。

（2）在 ENVI 主菜单中点击"Basic Tools"→"Region of Interest"→"ROI Tool"，在"Window"选项中点选"Zoom"，在 Zoom 窗口绘制 ROI，如图 9.4 所示。

（3）在"ROI Tool"对话框中，点击"ROI_Type"，有 Polygon、Rectangle、Ellipse 等多种类型。选择 Polygon 类型，在 Zoom 窗口进行绘制，绘制好图形后点击右键确认。将绘制好的 ROI 更名为"water""weiwang""other"，设置好颜色。

图 9.4 "ROI Tool"对话框

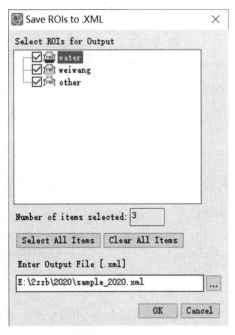

图 9.5 保存 ROI

（4）绘制好第一个 ROI 后，点击"ROI Tool"对话框的"New Region"按钮，继续绘制其他地物的 ROI。图 9.5 所示为所有地物的 ROI 绘制完成后的 ROI Tool。

（5）在"ROI Tool"对话框中点击"File"→"Save ROIs"，在弹出的对话框中选择"Select All Items"，将 ROI 命名为"sample_2020.roi"，保存 ROI 文件，如图 9.5 所示。

（6）在 ENVI 主菜单中点击"Classification"→"Supervised"→"Mahalanobis Distance"，选择图像数据"reflectance_2020"，点击"OK"，打开"Support Vector Machine Classification Parameters"对话框，设置输出文件路径，如图 9.6 所示。

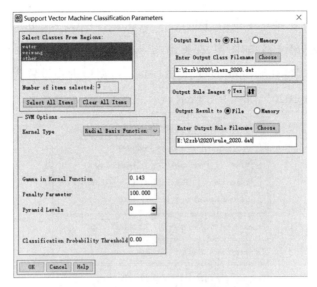

图9.6　参数设置对话框

图9.7　监督分类结果

5.提取纹理特征

(1)计算灰度共生矩阵

①在 ENVI 主菜单中点击"Filter"→"Texture"→"Co – occurrence Measure",选择经过主成分分析后的图像,在弹出的"Co – ocurrence Texture Parameters"对话框中勾选纹理特征熵(Entropy)、均值(Mean),窗口大小设置为 3 * 3,结果命名为"NDVI_co_2020",如图 9.8 所示。

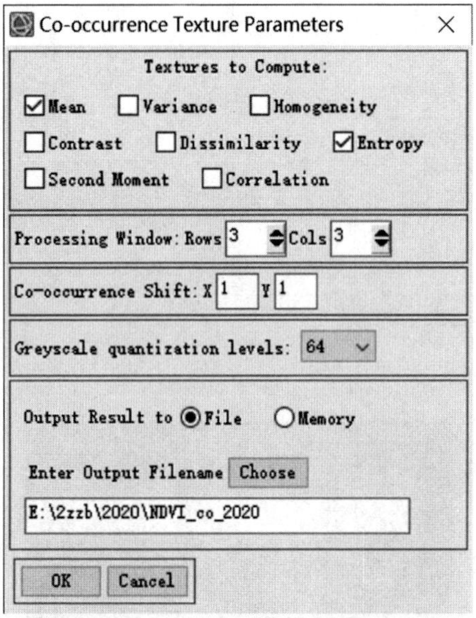

图 9.8　"Co-ocurrence Texture Parameters"对话框

Mean:均值,反映纹理的规则程度。纹理杂乱无章、难以描述的值较小;规律性强、易于描述的值较大。

Variance:方差,反映像元值与均值偏差的度量。当图像灰度变化较大时,方差较大。

Homogeneity:协同性,是图像局部灰度均匀性的度量。局部灰度均匀,取值较大。

Contrast:对比度,反映图像中局部灰度变化总量。对比度越大,图像的视觉效果越清晰。

Dissimilarity:相异性,与对比度类似。对比度越高,相异性越高。

Entropy:信息熵,表征图像中纹理的复杂程度。纹理越复杂,熵值越大,反之则越小。

Second Moment:二阶矩,也叫能量,是图像灰度分布均匀性的度量。当 GLCM 中元素分布集中于主对角线附近时说明局部区域内图像灰度分布较均匀。

Correlation:相关性,反映某种灰度值沿某方向的延伸长度。延伸长度越长,则相关性越大。

②将提取的两个纹理特征显示在主图像窗口。

③同理,按照以上步骤计算基于 PCA 数据的灰度共生矩阵。

(2)决策树分类法

①打开新建决策树工具,路径为"Toolbox"→"Classification"→"Decision Tree"→"New Decision Tree",默认显示一个节点和两个类别。

②首先按照 MNDWI 来区分水体与非水体。单击节点 Node 1,在弹出的对话框内输入节点名(Name)和条件表达式(Expression),如图9.9 所示。

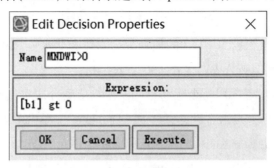

图9.9 新建节点

③点击"OK"后,在弹出的"Variable"→"File Pairings"对话框内需要为{MNDWI}指定一个数据源,如图 9.10 所示。点击面板中显示{MNDWI}的表格,然后选择灰度共生矩阵数据即可。

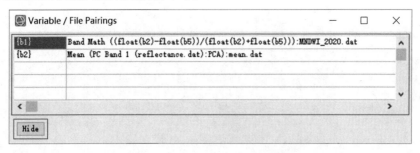

图9.10 为{MNDWI}指定一个数据源

④在进行条件表达式(Expression)编写时,需要符合 IDL 的语法规则,包括运算符和函数名。常用的运算符和函数如图9.11 所示。

表达式	部分可用函数
基本运算符	+、-、*、/
三角函数	正弦Sin(x)、余弦cos(x)、正切tan(x)
	反正弦Asin(x)、反余弦acos(x)、反正切atan(x)
	双曲线正弦Sinh(x)、双曲线余弦cosh(x)、双曲线正切tanh(x)
关系/逻辑	小于LT、小于等于LE、等于EQ、不等于NE、大于等于GE、大于GT
	and、or、not、XOR
	最大值（>）、最小值（<）
其他符号	指数（^）、自然指数exp
	自然对数alog(x)
	以10为底的对数alog10(x)
	取整——round(x)、ceil(x)、fix(x)
	平方根（sqrt）、绝对值（abs）

图9.11 表达式中常用的运算符

⑤第一层节点根据 MNDWI 的值划分为水体和非水体,如果不需要进一步分类,这个影像就会被分成两类:class0 和 class1。

⑥对 MNDWI 大于0,也就是 class1,根据均值划分成自然水体和围网养殖区。在 class1 图标上点击右键,选择"Add Children"。单击节点标识符,打开节点属性窗口,Name 为 mean > 45,在 Expression 中填写{b2} gt 20,其中 b2 为主成分分析的第一主成分。基于 NDVI 的灰度共生矩阵分类时,将 b2 设为基于 NDVI 计算的均值。

⑦用同样的方法将所有规则输入,末节点图标右键"Edit Properties",可以设置分类结果的名称和颜色。最后结果如图9.12所示。

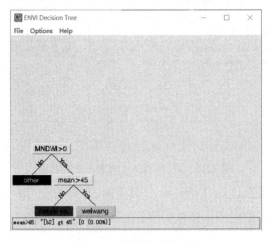

图9.12 决策树制作结果

⑧选择"Options"→"Execute",可以执行决策树。由于使用了多源数据,各个

数据可能拥有不同的坐标系、空间分辨率等。在弹出的"Decision Tree Execution Parameters"对话框中,需要选择输出结果的参照图像。这里选择"NDVI_mean_2020.dat",即输出的分类结果的坐标系和空间分辨率等信息与NDVI.dat相同。

⑨选择输出路径和文件名,点击"OK"即可,如图9.13所示。

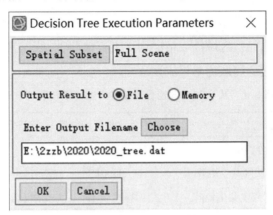

图9.13 保存决策树分类结果

⑩决策树分类结果如图9.14、9.15所示。

图9.14 基于NDVI的分类结果

图9.15 基于PCA的分类结果

（3）采样点验证法

①将高邮湖自然水体验证点数据"water_2020_点"、高邮湖围网养殖区域验证点数据"weiwang_2020"加载到三种分类结果中,评价三种方法的分类结果。计算方式为:所在分类结果内的点的个数/选取样本点的总个数 * 100%。

②三种方法的精度如表 9.1 所示。基于 PCA 计算灰度共生矩阵的自然水体提取精度和围网养殖区域提取精度均高于其他两种,所以其他影像的自然水体与围网养殖区域的提取均基于该方法。

表9.1　基于 2020 年影像的多种方法提取效果对比表

方法	自然水体提取精度	围网区域提取精度
非监督分类法	85.83%	60.83%
基于 PCA 计算灰度共生矩阵	90.01%	71.67%
基于 NDVI 计算灰度共生矩阵	87.17%	58.33%

9.6.2　统计自然水体与围网养殖区域的面积

本实验中采用像元个数计算的方法统计面积。右击分类后数据,选择"Quic Sta"进行快速统计,如图 9.16 所示。像元大小为 30 * 30,单位为 m。

Locate Stat ▼	■ ■ 🗋	Report Precision ▼				
Basic Stats	Min	Max	Mean	StdDev		
Band 1	0	2	0.375227	0.615941		
Histogram	DN	Count	Total	Percent	Acc Pot	
Band 1	0	1877820	1877820	69.724880	69.724880	
Binsize=1	1	620174	2497994	23.027531	92.752410	
	2	195191	2693185	7.247590	100.000000	

图9.16　分类结果像元个数

9.6.3　湖泊变化强度分析

湖泊变化强度指数计算公式为:

$$\mu = \frac{100\Delta S_a}{\Delta T_a S}.\tag{9.3}$$

式中:μ 为湖泊变化强度指数;ΔS_a 为某一段时间内湖泊变化的面积;ΔT_a 为时间跨度;S 为湖泊的总面积,本研究取 S 为 1990 年的湖泊面积。μ 大于 0,说明湖泊在这段时间内呈扩张趋势,小于 0 则说明湖泊在这段时间内呈萎缩趋势。

在 Excel 中加载自然水域面积和围网养殖面积,根据以上公式计算不同时间段的湖泊变化强度。在湖泊变化强度一列数据的空白格中输入:$= 100 * (B3 - B2)/((A3 - A2) * B2)$,如图 9.17 所示。

VLOOKUP		f_x	$=100*(B3-B2)/((A3-A2)*B2)$
	A	B	C
	年份	自然水体(km^2)	湖泊变化强度指数
	1990	683.312	
	1993	668.414	B2)/((A3−A2)*B2)
	1997	666.88	−0.056
	2000	687.131	0.988
	2004	611.1127	−2.781
	2009	563.154	−1.404
	2014	611.52	1.416
	2020	558.157	−1.302

图 9.17 湖泊变化强度的计算

9.7 驱动力分析

将"气象数据"在 Excel 中打开,整理好后将每一年的年均气温和年均降水量求出来,结合统计好的自然水域面积和围网养殖区域面积制作折线图进行分析。

(1)将整理好的自然水域面积、围网养殖区域面积、年均气温数据和年均降水量数据放在一个表格中,如图 9.18 所示。

年份	自然水体(km^2)	围网(km^2)	年均气温(℃)	年均降水(mm)
1990	683.312	11.676	15.42450533	1499.452055
1993	668.414	32.528	14.42343988	1533.150685
1997	666.88	42.334	15.49908676	937.5342466
2000	687.131	50.624	16.01639344	1219.398907
2004	611.1127	109.574	15.90194293	907.6502732
2009	563.154	175.021	15.54322679	1100.273973
2014	611.52	154.855	16.07016743	1326.575342
2020	558.157	175.672	16.18199757	1154.098361

图 9.18 汇总数据

(2)选择年均气温和年均降水两列数据,在 Excel 的主菜单中选择"插入"→"柱状图",设置年均降水数据格式为"次坐标轴",并将两种数据系列改为"折线图",横坐标轴选择自然水体,对图表进行调整,并添加趋势线,显示公式

和 R^2 的值,如图 9.19 所示。

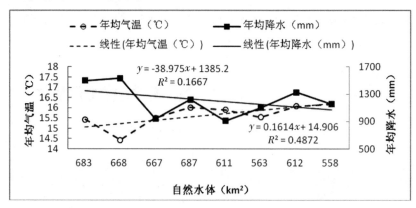

图9.19 驱动力分析

(3)其他的分析也可以根据上述步骤进行。

9.8 练习题

(1)根据实验数据"Y2007",利用 MNDWI 水体指数法和纹理分析法提取博斯腾湖区域的水体和非水体,并统计面积。

(2)使用采样点验证法计算提取水体和非水体的精度。

9.9 实验报告

(1)根据练习题的计算结果,完成表9.2。

表9.2 面积统计

区域	水体面积(m^2)	非水体面积(m^2)
博斯腾湖		

9.10 思考题

(1)本实验采用 MNDWI 水体指数法提取高邮湖的自然水体和围网养殖区域,如何提高提取精度?

(2)确定阈值时,实际情况下会被其他地物的信息特征影响,应该怎么确定最优阈值?

实验10 基于长时间序列的日月潭旱期面积动态 监测及驱动力分析

10.1 实验要求

根据实验区域的 Landsat 影像数据,进行如下分析:

(1)利用两种水体的光谱指数提取湖泊(日月潭)范围,计算湖泊面积及其变化数据。

(2)利用气温及降水数据对湖泊面积变化进行驱动力分析。

10.2 实验目标

(1)熟悉两种水体的光谱响应特征及其差异。

(2)掌握精确提取水体的一般思路与方法。

(3)了解分析水域面积变化的一般思路与方法。

10.3 实验软件

ENVI 5.3、ArcGIS 10.2、Excel。

10.4 实验区域与数据

10.4.1 实验数据

Landsat-5 TM 影像数据:

"LT05_L1TP_117044_19900503_20170130_01_T1"

"LT05_L1TP_117044_19940327_20170115_01_T1"

"LT05_L1TP_117044_19980423_20161224_01_T"

"LT51170442002172BJC00"

"LT05_L1TP_117044_20060702_20161120_01_T1"

"LT05_L1TP_117044_20100203_20161017_01_T1"

"LT05_L1TP_117044_20110222_20161011_01_T1"

Landsat-8 OLI 影像数据:

"LC81170442013154LGN00"

"LC08_L1TP_117044_20140129_20170426_01_T1"

"LC08_L1TP_117044_20150406_20170410_01_T1"

"LC08_L1TP_117044_20160408_20170327_01_T1"

"LC08_L1TP_117044_20190417_20190423_01_T1"

"LC08_L1TP_117044_20200505_20200509_01_T1"

"LC08_L1TP_117044_20210116_20210306_01_T1"

"LC08_L1TP_117044_20210217_20210304_01_T1"

"LC08_L1TP_117044_20210422_20210501_01_T1"

"LC08_L1TP_117044_20210508_20210508_01_RT"

10.4.2　实验区域

本实验选取日月潭为研究区域。

日月潭位于中国台湾,地处阿里山以北、能高山之南的南投县鱼池乡水社村,旧称水沙连、龙湖、水社大湖、珠潭、双潭,亦名水里社。日月潭由玉山和阿里山的断裂盆地积水而成,日月潭湖面海拔 748 m,常态面积为 7.93 km^2(满水位时 10 km^2),最大水深 30 m,湖周长约 37 km,是中国台湾外来种生物最多的淡水湖泊之一。日月潭中有一小岛,从远处望去似浮在水面上的一颗珠子,名"珠子屿"。抗战胜利后,为庆祝台湾光复,把它改名为"光华岛"。岛的东北面湖水形如圆日,称日潭;西南面湖水形如弯月,称月潭:统称日月潭。

10.5　实验原理与分析

(1)水体总体呈现出较低的反射率,具体表现为在可见光的波长范围内(480 nm 到 580 nm,相当于 TM/ETM + 的 Band 1 和 Band 2),其反射率为 4% ~ 5%,到 580 nm 处,则下降为 2% ~ 3%;当波长大于 740 nm 时,几乎所有入射能量均被水体吸收。清水在不同波段的反射率由高到低可近似表示为:蓝光 > 绿光 > 红光 > 近红外 > 中红外。因为水体在近红外波段及中红外波段(740 nm 到 2500 nm,相当于 TM/ETM + 的 Band 4,Band 5 和 Band 7)具有强吸收的特点,而植物、土壤等在这一波长范围内具有较高的反射性,所以这一波长范围可用来区分水体与土壤、植被等其他地物。

水体指数法,利用水体的光谱特征,采取波段组合的方法抑制其他地物的信息,从而达到突出水体的目的。常用的水体指数有归一化差异水体指数(Normalized Difference Water Index,NDWI)、改进的归一化水体指数(Modified NDWI,MNDWI),公式如式(10.1)和(10.2)所示。在构建 NDWI 指数时,着重采集植被因素,却忽略了地表的另外两个重要地类——土壤、建筑物。MNDWI则可以有效地抑制建筑物和土壤信息,减少噪声。通常选择直方图两个峰间的谷所对应的灰度值求出阈值。

$$NDWI = \frac{Green - NIR}{Green + NIR}. \tag{10.1}$$

式中:Green 对应 TM/ETM + 影像的 Band 2;NIR 对应 Band 4。

$$MNDWI = \frac{Green - MIR}{Green + MIR}. \tag{10.2}$$

式中,MIR 对应 TM/ETM + 影像的 Band 5。

实验要求采用以上两种水体指数法提取水域面积。

(2)湖泊演变指的是湖泊的空间变化、面积变化以及质量变化。其中,面积变化首先反映在湖泊总量的变化上,通过对湖泊水域面积总量的变化的剖析,能够更加准确地了解到湖泊变化的整体方向和空间的演变趋势。通过对多时相湖泊面积和空间特征的统计分析,可以揭示其变化特征和变化趋势。常用的特征指标包括湖泊年变化幅度和湖泊强度变化指数等。

湖泊年变化幅度表达式为:

$$L = (U_b - U_a)/T. \tag{10.3}$$

式中:L 表示的是研究时段内湖泊的年变化幅度,$L < 0$ 表示湖泊面积减小;U_b,U_a 分别为研究初期和研究末期的湖面面积;T 为研究时段间隔年数。

湖泊强度变化指数的表达式为:

$$C = 100 \times \Delta A_{ab}/(A_a \times \Delta t). \tag{10.4}$$

式中:C 表示湖泊演变强度;ΔA_{ab} 表示 a—b 的研究时段内湖泊的变化面积;A_a 表示 a 个年份湖泊的总面积;Δt 表示 a、b 年份间的时间差。

(3)地理要素之间的相关性分析是一种研究和分析地理要素这一随机变量之间相互关系的密切程度的一种统计方法,这种统计方法通常通过对相关系数的计算与检验来测定。对于任意两个要素 x 和 y,若其值分别为 x_i 与 $y_i(i=1,2,\cdots,n)$,则这两个要素间的相关系数为:

$$r_{xy} = \frac{\sum\limits_{i=1}^{n}(x_i - \bar{x})(y_i - \bar{y})}{\sqrt{\sum\limits_{i=1}^{n}(x_i - \bar{x})^2}\sqrt{\sum\limits_{i=1}^{n}(y_i - \bar{y})^2}}. \qquad (10.5)$$

式中,r_{xy} 为两个要素之间的相关系数,它的值在 $[-1,1]$ 区间内。$r_{xy} > 0$ 时,两个要素之间存在正相关关系;$r_{xy} < 0$ 时,两个要素之间存在负相关关系。r_{xy} 的绝对值越接近 1,表示两个要素的相关性越高;越接近 0,表示两个要素的相关性越低。

10.6　实验步骤

10.6.1　数据预处理

(1)在 ENVI 主菜单中点击"File"→"Open",加载 1990 年影像数据"1LT05_1990-05-03"。

(2)在"Toolbox"中找到"Radiometric Calibration",点击"打开",在"Output Interleave"中选择 BIL,点击"Apply FLAASH Settings",获取参数,设置储存路径,如图 10.1 所示,点击"OK"。

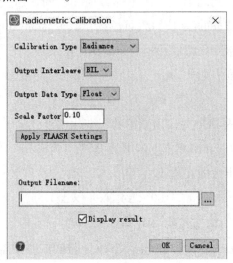

图 10.1　辐射定标

(3)选择辐射定标后的文件,在"Toolbox"中找到"Quick Atmospheric Correction（QUAC）"，点击"打开"，在"QUAC"→"Sensor Type"中选择 Landsat TM/ETM/OLI，设置储存路径，如图 10.2 所示，点击"OK"。

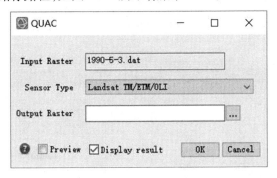

图 10.2 快速大气校正

（4）在主界面中选择"File"→"Save As"，在打开的"File Selection"中，单击"Spatial Subset"，打开右侧的裁剪功能面板，选择"Use View Extent"选择采用当前 ENVI 视窗中显示的范围进行裁剪，设置储存路径，如图 10.3 所示，点击"OK"。

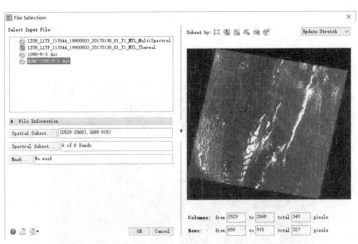

图 10.3 裁剪

10.6.2 波段计算

（1）在 ENVI 经典界面主菜单中点击"File"→"Open Image File"，加载预处理后的影像数据。

（2）在 ENVI 主菜单中点击"Basic Tools"→"Band Math"，在"Enter an expression"下输入波段运算公式：（float（b2）– float（b4））/（float（b2）+ float （b4）），点击"Add to List"将表达式加入列表中，点击"OK"。在弹出的窗口给 b2 和 b4 选择波段，设置存储路径，如图 10.4 所示，点击"OK"。图 10.5 所示为 NDWI 计算结果。同理，根据 MNDWI 的计算公式，计算出 MNDWI 的结果。

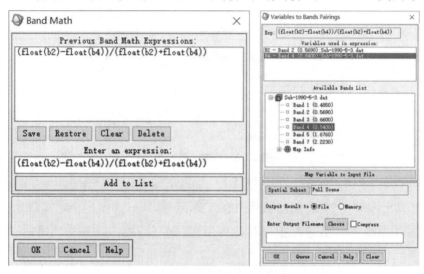

图 10.4　波段计算

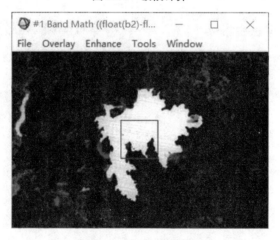

图 10.5　NDWI 计算结果

（3）确定阈值范围。在主窗口中点击"Tools"→"Cursor Location/Value"，查看水体的像素值（Data）。如图 10.6 所示，水体的像素值大于 0。通常将非水体的阈值范围设置为 $-1 \sim 0$，水体的阈值范围设置为 $0 \sim 1$。

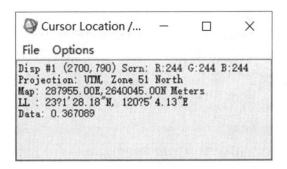

图 10.6 像素值查看

(4)在主影像窗口点击"Overlay"→"Density Slice",选择数据源,点击"OK",进行密度分割,如图 10.7 所示。点击"Clear Ranges",删除默认分割区间,点击"Options"→"Add New Ranges",输入水体的阈值,将"Range Start"设置为 0,"Range End"设置为 1,颜色设置为白色。再输入非水体的阈值,将"Range Start"设置为 -1,"Range End"设置为 0,颜色设置为黑色,如图 10.7 所示,点击"Apply"。

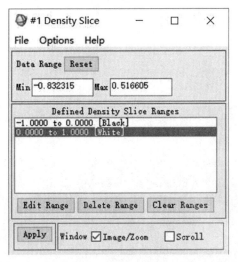

图 10.7 密度分割

(5)在"Density Slice"中点击"File"→"Output Ranges to Class Image",设置 NDWI 水体计算结果的保存路径,注意在保存文件名后加".tif"以生成 GeoTIFF 数据,如图 10.8 所示。对 MNDWI 水体提取结果进行同样的操作。

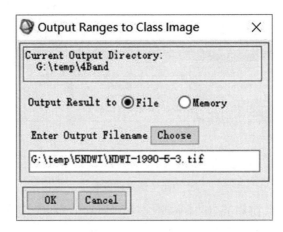

图 10.8　数据输出

10.6.3　水体提取

（1）打开 ArcMap，加载上一步得到的"NDWI. tif"数据。

（2）在"ArcToolbox"中点击"Conversion Tools"→"From Raster"→"Raster to Polygon"，打开栅格数据转面工具，如图 10.9 所示。在"Input raster"下输入"NDWI. tif"栅格影像，在"Output polygon features"下设置输出面数据的路径，点击"OK"。

图 10.9　栅格转面

（3）在生成的矢量文件中选中湖泊的面状区域，在内容列表中右击生成的矢量文件，选择"Data"→"Export Data"，"Export"后选择"Selected features"，点击"OK"，生成湖泊矢量数据。打开湖泊矢量数据的属性表，添加字段 area，类型选择"双精度"，如图 10.10 所示，点击"OK"。

图 10.10　添加字段

（4）选择 area 字段，右击"计算几何"，"单位"选择"平方千米"，如图 10.11 所示。

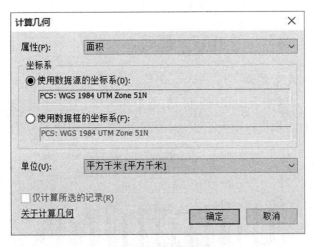

图 10.11　计算面积

10.6.4　面积统计

对余下 13 幅影像重复上述操作，得到 14 幅影像的通过 NDWI 与 MNDWI 提取的面积，统计到 Excel 中并计算两种面积的均值作为湖泊面积进行驱动力分析，如图 10.12 所示。

	A	B	C	D	E	F
1	序号	日期	年份	NDWI面积/km2	MNDWI面积/km2	平均值/km2
2	1	1990年5月3日	1990.6	7.4	7.8	7.6
3	2	1994年3月27日	1994.3	7.0	7.4	7.2
4	3	1998年4月23日	1998.4	7.4	7.6	7.5
5	4	2002年6月21日	2002.6	7.5	7.8	7.6
6	5	2006年7月2日	2006.7	7.2	7.5	7.4
7	6	2010年2月3日	2010.2	7.0	7.3	7.2
8	7	2011年2月22日	2011.2	7.4	6.9	7.2
9	8	2013年4月15日	2013.4	7.2	7.6	7.4
10	9	2014年1月29日	2014.1	7.3	7.3	7.3
11	10	2015年4月6日	2015.4	7.1	7.1	7.1
12	11	2016年4月8日	2016.4	7.5	7.6	7.5
13	12	2019年4月17日	2019.4	7.2	7.3	7.2
14	13	2020年5月5日	2020.5	6.5	6.8	6.6
15	14	2021年1月16日	2021.1	7.0	7.2	7.1
16	15	2021年2月17日	2021.2	6.4	6.4	6.4
17	16	2021年4月22日	2021.4	5.3	5.5	5.4
18	17	2021年5月8日	2021.5	4.8	4.9	4.8

图 10.12　面积统计

10.7　驱动力分析

（1）在 Excel 中选择年份、NDWI 面积、MNDWI 面积,插入统计图表,选择"柱状统计图"。对图表比较分析可知,通过 MNDWI 对影像进行湖泊面积的提取,得到的湖泊面积整体都大于通过 NDWI 提取的湖泊面积,如图 10.13 所示。

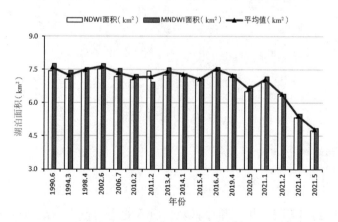

图 10.13　日月潭提取面积结果

通过与真彩色影像的比较发现,MNDWI对水体的敏感程度过高,将岸边部分湿地识别为水体;而NDWI则相反,近岸部分易出现漏分现象。因此,采用两者的均值作为湖泊面积的最终提取结果。

(2)选择年份、湖泊均值面积,插入统计图表,选择"折线统计图",添加线性趋势线。从图10.14可以看出,湖泊面积在2021年陡然减少。将2019—2021年的数据单独制图,能够更明显地看出变化。

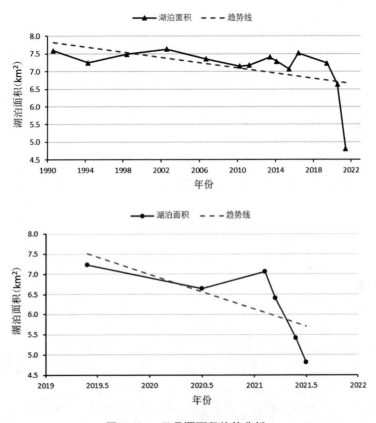

图10.14 日月潭面积趋势分析

(3)利用式(10.3)和(10.4)计算出湖泊年变化幅度、湖泊变化强度指数两个数据,如图10.15所示。

选择年份、湖泊年变化幅度、湖泊变化强度指数,插入统计图表,选择"组合统计图"。由图10.16可知,2020年至2021年5月的湖泊面积与前30年相比,变化幅度和强度最大。

图 10.15　日月潭面积年变化幅度和湖泊变化强度指数的计算结果

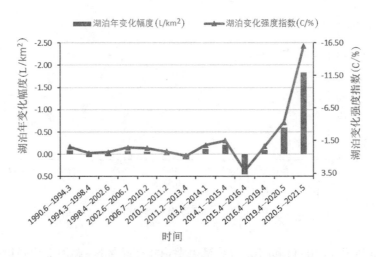

图 10.16　日月潭面积年变化幅度和湖泊变化强度指数分布

　　(4)打开 Excel 数据,其中包括影像采集日期的前 90 天的平均气温及降水量数据,如图 10.17 所示。

B	C	D	E	F
年份	湖泊面积/km2	前90天平均气温/℃	前90天平均降水量/mm	
1990.6	7.6	24.2	314.9	
1994.3	7.2	17.7	77.0	
1998.4	7.5	20.5	116.6	
2002.6	7.6	26.3	323.6	
2006.7	7.4	26.1	519.2	
2010.2	7.2	19.0	30.7	
2011.2	7.2	17.1	38.6	
2013.4	7.4	23.7	16.8	
2014.1	7.3	18.9	32.5	
2015.4	7.1	19.6	15.0	
2016.4	7.5	26.3	214.5	
2019.4	7.2	27.0	255.3	
2020.5	6.6	22.1	62.3	
2021.5	4.8	18.5	30.3	

图 10.17 影像采集日期的前 90 天的平均气温及降水量数据

选择年份、前 90 天的平均气温、前 90 天的降水量,插入统计图表,选择"组合折线统计图"。由图 10.18 可看出,在影像采集日期的前 90 天的平均气温及降水量之间存在一定的相关性,两者变化起伏基本保持一致。

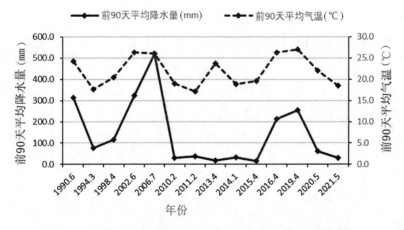

图 10.18 影像采集日期的前 90 天的平均气温及降水量分布

分别选择年份、前90天的平均气温、前90天的降水量与湖泊均值面积,插入统计图表,选择"组合折线统计图"及"散点图"并添加趋势线。由图10.19可以看出,前90天的平均气温、前90天的降水量与湖泊均值面积均呈正相关,且两者变化起伏有一定的一致性。

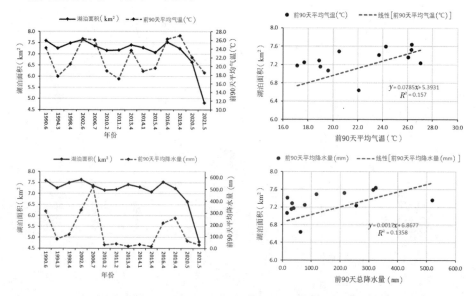

图 10.19　前 90 天的平均气温、前 90 天的降水量与湖泊均值面积的关系

10.8　练习题

(1)根据实验数据(影像数据文件夹中)或自己获取的数据,利用两种水体指数法提取台湾日月潭的水体,并统计水体面积。

(2)对提取的水体面积尝试进行驱动力分析。

10.9　实验报告

(1)根据练习题(1)的计算结果,完成表 10.1。

表 10.1　用不同方法提取到的日月潭面积

方法	面积(m^2)
NDWI	
MNDWI	

10.10　思考题

（1）本实验采用的水体指数法，如何提高水体的提取精度？

（2）在使用 NDWI、MNDWI 指数提取水域时，实际情况下由于水体表面植被等多种因素的影响，区分水体与其他地物的阈值往往不为 0，应该怎么确定合适的阈值？

（3）本实验所用的水体指数法与其他提取水体的方法相比，有什么特点？

实验 11　基于 BP 神经网络模型的滇池叶绿素 a 浓度时空变化分析

11.1　实验要求

根据实验区域的遥感影像数据、实测光谱数据和叶绿素 a 浓度数据,完成下列分析:

(1)运用地面实测光谱数据与实测叶绿素 a 浓度数据,构建叶绿素 a 浓度反演的 BP 神经网络模型。

(2)运用实测数据和遥感影像数据,建立云南滇池水体叶绿素 a 浓度遥感定量反演模型。

(3)运用 BP 神经网络模型反演 1987—2021 年滇池水体叶绿素 a 浓度并分析其时空变化趋势。

11.2　实验目标

(1)掌握内陆湖泊水体的光学特性以及内陆湖泊水体水质状况的遥感识别方法。

(2)掌握水色要素(如叶绿素、悬浮泥沙、黄色物质等)遥感反演半经验模型构建的思路与步骤。

(3)掌握运用机器学习算法(如 BP 神经网络、卷积神经网络等)构建水色要素(如叶绿素、悬浮泥沙、黄色物质等)遥感反演模型的思路与步骤。

(4)掌握 MATLAB 实现 BP 神经网络等机器学习算法的原理与操作步骤。

11.3　实验软件

ENVI 5.3.1 SP1、ArcMap 10.8、MATLAB 2018a、Excel。

11.4　实验区域与数据

11.4.1　实验数据

"Dianchi_Landsat-5"文件夹：

"Dianchi_TM"：1987—2011 年滇池 Landsat-5 TM 多光谱影像数据。

"dianchi. shp"：滇池矢量数据。

"Dianchi_Landsat-8"文件夹：

"Dianchi_OLI"：2013—2021 年滇池 Landsat-8 OLI 多光谱影像数据。

"sample. txt"：滇池实测叶绿素 a 浓度观测位置坐标数据。

"叶绿素 a 浓度. xlsx"：2009 年 9 月 19—20 日滇池水体实测采样点叶绿素
a 浓度。

11.4.2　实验区域

滇池(北纬 24. 28°～25. 28°,东经 102. 30°～103. 00°)位于云南省昆明市,
是云贵高原第一大淡水湖。滇池库容量为 15. 6 亿立方米,淡水资源极其丰富,
是昆明市及整个滇池流域人民生存与发展的重要水源,同时也是周边地区工
业、农业及畜牧业用水的主要来源。30 多年来,随着人类活动不断加强以及农
业化肥使用过量,大量污染物随着地表径流进入滇池,进而导致滇池水质面临
严峻的富营养化局面。

11.5　实验原理与分析

化学纯水(H_2O)无色透明,其中没有任何溶解的和悬浮的物质。清洁水在
水层浅时表现为无色,水层深时则表现为浅蓝绿色。清洁水体反射波谱从可见
光到近红外波段呈现递减的趋势:在蓝绿光波段反射率为 4%～5%;0. 6 μm 以
下的红光部分反射率降到 2%～3%;近红外、短波红外部分,几乎吸收全部的入
射能量,因此水体在这两个波段的反射能量很小。

自然水体的反射波谱,除了受到纯水自身光学特性的影响,还受到水体内
组分,如浮游生物、叶绿素、泥沙及其他物质的影响。不同组分浓度的增加,往
往导致水体反射率升高。随着悬浮泥沙浓度的升高,水体各波段的反射率普遍
增大。

水质是指水和其中所含的杂质共同表现出来的综合特征,水环境遥感监测是基于水质的光谱效应。对水体而言,其光谱特征主要由水体中的浮游生物含量(叶绿素浓度)、悬浮固体含量(浑浊度)、营养盐含量(黄色物质、溶解有机物质、盐度指标)、其他污染物、底部形态(水下地形)和水深等因素决定。被污染水体具有不同于清洁水体的光谱特征,这些光谱特征体现在对特定波段的吸收或反射上。如地表天然水体对近红外波段的吸收比可见光波段更高,由泥沙、天然有机物和浮游生物组成的浑浊水体通常比清澈水体的光谱反射率要高。水污染遥感监测方法分为定性方法和定量方法。定性分析,是通过分析遥感图像的色调特征或异常对水环境化学现象进行分析评价。定量方法,是在定性分析的基础上,建立定量数学模型。值得注意的是,大气对水质遥感信息的影响十分严重,在可见光波段,大气分子及气溶胶的后向散射占传感器接收辐射量的90%以上,即使是很小的大气校正误差也能引起很大的水质参数反演误差。因此,进行高精度的大气校正是水质遥感成功应用的关键。

浮游植物是在水表层普遍存在的、微小的、自由飘浮的有机体。它们是一些单细胞植物,是水体中食物网的基础,并对全球的碳循环起着非常重要的作用。水生环境中的浮游植物有成千上万种,有不同的大小、形状和生理特征,并且其种类、浓度随着空间和时间的变化而变化。

叶绿素 a 是浮游植物的主要色素来源,其浓度常被当作浮游植物浓度的一个指标。此外,浮游植物的典型吸收和散射系数都是通过叶绿素 a 浓度和比吸收系数估算的。比吸收系数是单位浓度的吸收系数,即一定体积的水体叶绿素吸收系数与叶绿素 a 浓度的比值。吸收系数与比吸收系数的关系可用式(11.1)表示:

$$a_{chl} = C_{chl} \times a'_{chl}. \tag{11.1}$$

式中:a_{chl} 为叶绿素吸收系数(m^2/mg);C_{chl} 为叶绿素浓度(m^3/mg);a'_{chl} 为叶绿素比吸收系数(m^{-1})。

随着水体内藻类生物量的增加,水体呈现类似植被的光谱特征。实验要求建立悬浮颗粒物浓度遥感定量反演模型。与清水相比,含悬浮物的水体中可见光的吸收能力降低,反射能力增加,二者的差距与悬浮固体浓度值成正比;并且随着悬浮固体浓度值的增大,光谱反射率的峰值向长波方向发生移动。因而可以根据可见光波段构建水体指数进行悬浮固体含量的监测,也可以将悬浮固体出现峰值的波段作为遥感监测水体浑浊度的最佳波段。

BP(Back Propagation)神经网络也称误差逆向传播神经网络,由 Rumelhart 和 McCelland 提出,是目前所有人工神经网络中应用最为广泛的。BP 神经网络 具有自适应性、高学习能力和强容错能力等特点,具有偏差和至少一个 S 形隐 含层加上线性输出层的网络,能够逼近任何有理函数。典型的 BP 神经网络拓 扑结构包括输入层、隐含层和输出层。每一层包含若干神经元,上下层神经元 之间全连接,而同层神经元之间无连接。输入层与隐含层神经元的连接值是网 络的权值。学习过程的目标是找到最优的权值集,该权值集可以产生正确的输 出。模型的基本建立过程是:设置神经网络输入层和目标层,由输入层传递到 隐含层,经隐含层处理后,再传递到输出层,由输出层处理产生结果,此为信息 前向传播;计算实际输出与期望输出之间的误差,将误差值沿网络反向传播,并 修正连接权值,此为误差反向传播;给定另一个输入层,重复上述过程,直到网 络输出的误差达到允许的范围或达到设定的训练次数为止,得到研究所需的神 经网络模型。

11.6　实验步骤

11.6.1　基于实测光谱数据的叶绿素 a 浓度反演模型构建

1. 模拟卫星影像的反射率信息

本研究使用的滇池实测 ASD 光谱数据通过预处理,将实测 ASD 光谱数据 转换为水体遥感反射率 R_{rs}。通过实测光谱数据的反射率和光谱响应函数模拟 Landsat-5 TM、Landsat-8 OLI 影像反射率,如公式(11.2)所示:

$$L = \frac{\int_{\lambda_1}^{\lambda_2} R(\lambda) \times \mathrm{RESPONSE}(\lambda) d\lambda}{\int_{\lambda_1}^{\lambda_2} \mathrm{RESPONSE}(\lambda) d\lambda}. \tag{11.2}$$

其中:$R(\lambda)$ 为实测水体光谱反射率;$\mathrm{RESPONSE}(\lambda)$ 为 Landsat-5 TM、 Landsat-8 OLI 传感器的光谱响应函数;λ_1 和 λ_2 分别为波段范围的最小值和最 大值;L 为模拟卫星遥感反射率。

(1)打开 Excel 软件,新建一个空白表格。将 Landsat-5 TM 光谱响应函数数 据拷贝到新建的表格中,将实测光谱数据拷贝至同一个工作表格中,如图 11.1。

图 11.1　Landsat-5 TM 光谱响应函数数据和实测光谱数据图

（2）反射率矩阵与光谱响应函数相乘。在空白表格中选择 4 行 25 列的矩阵，输入公式：= MMULT（B2：YQ7，B95：Z760），同时按住"Shift" + "Ctrl" + "Enter"，获得反射率矩阵与光谱响应相乘的结果，如图 11.2。

	0.722936	0.781874	0.866211	0.67844	0.914659	0.878479	0.82099	1.394591	0.891214	0.879727	1.156641	0.347691	1.212917	0.823098	0.902474	0.537913	0.895901	0.959298	0.530098	1.285325
step1	1.856735	1.84865	1.968681	1.733977	2.233167	2.287870	2.260378	2.360786	2.320048	2.34827	1.518284	3.027373	2.269174	2.310156	2.880242	6.354189	2.310247	1.380636	2.790194	
反射率矩阵与响应光谱相乘	0.856954	0.917133	1.023747	0.933111	1.118154	1.13818	1.192676	1.612047	1.307856	1.243369	1.394784	0.653215	1.743977	1.205458	1.188035	4.387141	1.29939	1.385522	0.803901	1.736314
	2.070121	1.049849	1.411635	0.930735	1.324658	1.432931	1.233946	1.48836	0.973324	1.279097	1.651056	0.054507	2.265633	0.939403	1.187657	3.719994	0.982742	1.196923	0.579042	1.813055

图 11.2　反射率矩阵与光谱响应相乘结果图

（3）计算模拟 Landsat-5 TM 各波段遥感反射率。在空白表格处输入公式：= B762/SUM（$B2：$BYA2），点击"Enter"，获得模拟 Landsat-5 TM 影像 B1 波段的反射率数据，如图 11.3。

0.012027	0.013008	0.014411	0.011287	0.015217	0.014615	0.013659	0.023202	0.014827	0.014636	0.019243	0.005785	0.020179	0.013694	0.015014	0.050542	0.014905	0.01596	0.008819	0.021384
0.024547	0.02444	0.026027	0.022924	0.029524	0.030247	0.029696	0.037822	0.031211	0.03068	0.031046	0.02073	0.040024	0.029161	0.026895	0.084006	0.030542	0.031468	0.017988	0.036888
0.013213	0.014141	0.015784	0.014387	0.01724	0.017549	0.018389	0.024855	0.020165	0.019171	0.021505	0.010071	0.026889	0.018586	0.018317	0.067642	0.019418	0.021362	0.012395	0.026771
0.017277	0.008762	0.011781	0.007768	0.011055	0.011959	0.010298	0.012421	0.008123	0.010675	0.013779	0.000455	0.018908	0.00784	0.009912	0.031046	0.008202	0.009989	0.004832	0.015131
0	0	0	0	0	0	0	0	0	0	0	0	0	0	0	0	0	0	0	0

图 11.3　模拟 Landsat-5 TM 影像 B1 波段反射率数据图

2. 叶绿素 a 浓度与各波段的相关性分析

（1）打开 Excel 软件，新建一个空白表格。将"叶绿素 a 浓度.xlsx"文件中的数据拷贝到新建表格的第一列，将模拟的 Landsat-5 TM 影像的 4 个波段的反射率拷贝到同一个工作表格中。对模拟 Landsat-5 TM 波段的反射率数据与实测叶绿素 a 浓度数据进行相关性分析，计算相关系数。

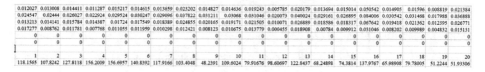

0.012027	0.013008	0.014411	0.011287	0.015217	0.014615	0.013659	0.023202	0.014827	0.014636	0.019243	0.005785	0.020179	0.013694	0.015014	0.050542	0.014905	0.01596	0.008819	0.021384
0.024547	0.02444	0.026027	0.022924	0.029524	0.030247	0.029696	0.037822	0.031211	0.03068	0.031046	0.02073	0.040024	0.029161	0.026895	0.084006	0.030542	0.031468	0.017988	0.036888
0.013213	0.014141	0.015784	0.014387	0.01724	0.017549	0.018389	0.024855	0.020165	0.019171	0.021505	0.010071	0.026889	0.018586	0.018317	0.067642	0.019418	0.021362	0.012395	0.026771
0.017277	0.008762	0.011781	0.007768	0.011055	0.011959	0.010298	0.012421	0.008123	0.010675	0.013779	0.000455	0.018908	0.00784	0.009912	0.031046	0.008202	0.009989	0.004832	0.015131
0	0	0	0	0	0	0	0	0	0	0	0	0	0	0	0	0	0	0	0

1	2	3	4	5	6	7	8	9	10	11	12	13	14	15	16	17	18	19	20
118.1565	107.8242	127.8118	156.2009	156.6957	140.8392	117.9166	103.4048	48.2391	109.6024	79.91676	98.60697	122.8437	68.24898	74.3814	137.9767	65.98908	79.78005	51.2244	51.93306

图 11.4　相关性分析

（2）在空白表格处输入公式：= CORREL（B769：Z769，B777：Z777），点击"Enter"，获得 B1 波段与实测叶绿素 a 浓度间的偏相关系数。使用相同方法获得 B2、B3、B4 波段的相关系数。结果如表 11.1 所示。

表 11.1　波段及相关系数

波段	B1	B2	B3	B4
相关系数	0.128	0.212	0.107	0.247

（3）从表 11.1 中可以看出，B1、B2、B3、B4 与实测数据均具有较小的相关性。为了能够得到更高精度的反演模型，实验将 B1、B2、B3、B4 四个波段进行组合，并选取具有代表性的几种水体指数，利用 Excel 将选出的波段组合与悬浮颗粒含量进行相关性分析。本实验选用 B3/（B1 + B2）、（B1 + B2）/（B1 + B2 + B3）、（B1 + B3）/（B1 + B2 + B4）、（B2 + B4）/（B2 + B3 + B4）四种波段组合构建水体指数，观察对比拟合效果。图 11.5 所示为波段组合的散点图。

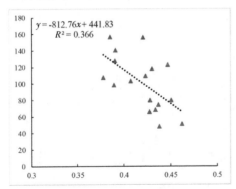 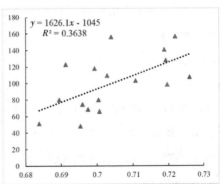

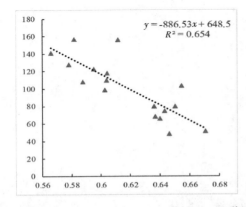 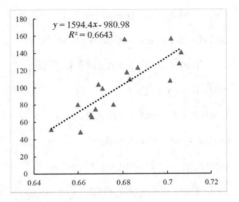

图 11.5　四种波段组合建模图

分析结果显示，在多种波段组合中，B3/（B1 + B2）、（B1 + B2）/（B1 + B2 +

B3)、(B1 + B3)/(B1 + B2 + B4)、(B2 + B4)/(B2 + B3 + B4)四种波段组合与实测数据的相关性较好,这四个波段为 BP 神经网络的输入层。

11.6.2　BP 神经网络模型的构建

（1）打开 MATLAB 2018a,了解 MATLAB 2018a 软件的相关窗口及工具的作用。

（2）点击"新建脚本",将该脚本命名为"BPNN",将下列代码输入脚本中。

```
clear all;
close all;
clc;
input = xlsread('traininput. xlsx');
input = input';
target = xlsread('target. xlsx');
target = target';
nntic = tic;
hiddenLayerSize = 10;
net = feedforwardnet(hiddenLayerSize);
net. trainParam. lr = 0. 05;
net. trainParam. epochs = 500000;
net. trainParam. goal = 1e - 7;
net. divideParam. trainRatio = 70/100;
net. divideParam. valRatio = 15/100;
net. divideParam. testRatio = 15/100;
net = init(net);
[net,tr] = train(net,input,target);
output = sim(net,input);
figure, plotconfusion(target,output)
plotregression(target,output);
error = subtract(target,output);
performance = mse(error);
```

figure, plotroc(target, output)

nntime = toc(nntic) ;

unknown = load('unknown. xlsx') ;

y = net(unknown) ;

　　(3)关键代码解析。

input = xlsread('traininput. xlsx') ;

input = input' ;

target = xlsread('target. xlsx') ;

target = target' ;

　　读取 BP 神经网络输入层与目标层的数据并进行转置。

nntic = tic ;

hiddenLayerSize = 10 ;

net = feedforwardnet(hiddenLayerSize) ;

　　构建 BP 神经网络,隐含层神经元节点数为 10。

net. trainParam. lr = 0. 05 ;

net. trainParam. epochs = 500000 ;

net. trainParam. goal = 1e − 7 ;

net. divideParam. trainRatio = 70/100 ;

net. divideParam. valRatio = 15/100 ;

net. divideParam. testRatio = 15/100 ;

　　设置 BP 神经网络模型的相关参数:学习步长设置为 0. 05;迭代次数为 50000 次;目标误差为 10^{-7};训练集为数据集的 70%,15% 用于测试该 BP 神经网络模型。

net = init(net) ;

[net, tr] = train(net, input, target) ;

output = sim(net, input) ;

　　运用该 BP 神经网络,对数据进行预测。

　　(4)点击"运行",BP 神经网络模型对数据进行预测。

　　(5)运行结果如图 11. 6 所示,该部分的 output 为最终的运行结果。

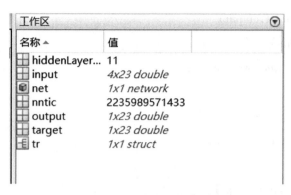

图 11.6　BP 神经网络模型运行结果

11.6.3　基于 BP 神经网络模型与遥感影像数据的滇池叶绿素 a 浓度反演

1. 遥感数据的预处理

（1）辐射定标

①启动 ENVI 5.3.1 SP1。

②选择"File"→"Open As"→"Optical Sensors"→"Landsat"→"GeoTIFF with Metadata"。选择"LT05_L1TP_129043_19871123_20170717_01_T1_MTL"文件，打开该文件。

③在"Toolbox"中打开"Radiometric Correction"→"Radiometric Calibration"，选择多光谱数据文件。

④在"Radiometric Calibration"面板中单击"Apply FLAASH Settings"按钮，几个参数自动选择符合 FLAASH 大气校正要求，包括定标类型（Radiance）、存储顺序（Interleave）和辐射亮度单位（Scale Factor）。

⑤选择数据路径和文件名，单击"OK"执行，如图 11.7。

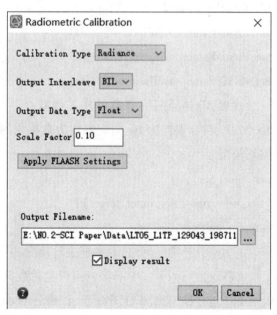

图 11.7　Radiometric Calibration 面板设置

（2）FLAASH 大气校正

①在"Toolbox"中打开"Radiometric Correction"→"Atmospheric Correction Module"→"FLAASH Atmospheric Correction"。

②点击"Input Radiance Image"，导入前面辐射定标好的数据，在"Radiance Scale Factors"面板中选择"Use single scale factor for all bands"。由于定标的辐射量数据与 FLAASH 的辐射亮度的单位一致，所以在"Single scale factor"选择"1"，单击"OK"。

注：由于使用 Radiometric Calibration 自动将定标后的辐射亮度单位调整为 $(\mu W)/(cm^2 \cdot nm \cdot sr)$，与 FLAASH 要求的一致，因此在"Radiance Scale Factors"中输入 1。

③设置输出文件格式及路径。

④传感器基本信息设置如下：

• 成像中心点经纬度（FLAASH 自动从影像中获取）。

• 传感器高度（Sensor Altitude）：705 km。

• 像元大小（Pixel Size）：30 m。

• 成像区域平均高度（Ground Elevation）：2（可以通过统计 DEM 数据获取）。

• 成像时间：在图层管理中点击右键，选择"View metadata"，在"Time"选项中可以获取。

⑤大气模型（Atmospheric Model）：Mid-Latitude-Summer。

⑥气溶胶模型（Aerosol Model）：Urban。

注：根据经纬度和影像区域选择（单击 Help，找到经纬度和成像时间的对照表）。

⑦气溶反演方法（Aerosol Retrieval）：2-Band（K-T），能见度设置为 40km（查看 Help 中的说明）。

⑧多光谱设置面板按照默认参数进行设置。

⑨点击"Apply"执行处理，如图 11.8。

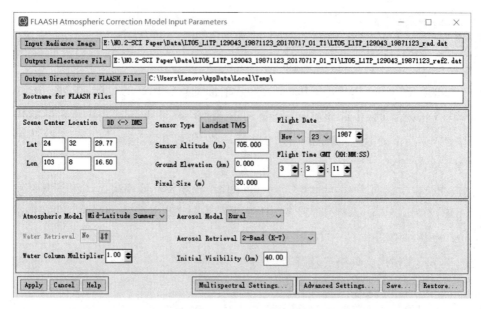

图 11.8　FLAASH 大气校正

（3）查看结果

①显示 FLAASH 大气校正结果。

②在工具栏中单击"Profiles"，获取一个像素点的波谱曲线。

③在图层管理中单击辐射定标结果图层，使这个图层处于激活状态。在工具栏中单击"Profiles"，获取辐射定标结果的一个像素点的波谱曲线。

④移动图像中的定位框，定位到植被、水体等地物上，同时获取一个像素点上的大气校正结果图像和辐射定标结果图像的波谱曲线。

⑤从同一个像素点大气校正前后的波谱曲线可以看到，大气校正去除了部分大气的影响，尤其在蓝色波段。

注：FLAASH 大气校正结果扩大了 10000 倍。

（4）图像裁剪

本专题研究范围为云南省昆明市滇池水体，利用 Shapefile 矢量文件对研究区域进行裁剪。

下面介绍操作步骤：

①打开大气校正后的数据文件"LT05_L1TP_129043_19871123_ref.dat"。

②打开矢量文件，位于"dianchi.shp"。

③在"Toolbox"中选择"Regions of Interest"→"Subset Data from ROIs"。在

弹出的"Select Input File to Subsetvia ROI"面板中选择"LT05_L1TP_129043_19871123_ref. dat"数据,单击"OK"按钮。

④在弹出的"Spatial Subset via ROI Parameters"面板中(如图11.9所示),选中"EVF:dianchi. shp",单击"Mask Pixels output of ROI"右侧按钮切换为"Yes",设置输出路径和文件名,单击"OK"按钮输出裁剪结果。

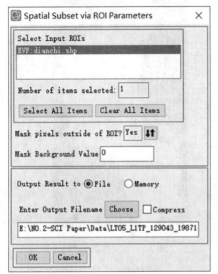

图11.9　图像裁剪

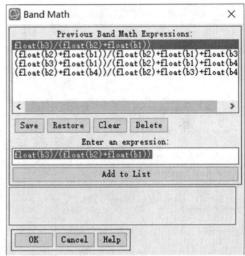

图11.10　输入公式

(5)Band Math 运算

①在"Toolbox"中选择"Band Ratio"→"Band Math"。在弹出的面板中的"Enter an expression"下输入表达式:float(b3)/(float(b2) + float(b1)),单击"Add to List"按钮将表达式添加到上方列表中,然后单击"OK"按钮,如图11.10。

②在"Variables to Bands Pairings"面板中,选择b1 为 Landsat-5 TM 影像的蓝光波段,b2 为 Landsat-5 TM 影像的绿光波段,b3 为 Landsat-5 TM 影像的红光波段。设置输出路径和文件名,单击"OK",计算得到 Band Math 计算结果,如图11.11。

(6)掩膜文件制作

①在 ENVI 的菜单中选择"Basic Tools"→"Masking"→"Build Mask"。

②选择需要进行掩膜的影像。

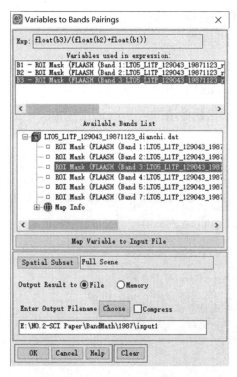

图 11.11　Band Math 计算结果图

图 11.12　掩膜文件

③在掩膜定义窗口中,在"Options"下选择"Import ROIs",然后选择前面生成的面状 ROI,如图 11.12。

2. 运用 BP 神经网络模型进行叶绿素 a 浓度反演

运用 B3/(B1 + B2)、(B1 + B2)/(B1 + B2 + B3)、(B1 + B3)/(B1 + B2 + B4)、(B2 + B4)/(B2 + B3 + B4)输入层的 BP 神经网络模型,对 Band Math 的运算结果进行掩膜处理。

(1)打开 MATLAB 2018a 软件。

(2)点击"新建脚本",将该脚本命名为"remotesensing",将下列代码输入脚本中。

[A,R] = geotiffread('E:\NO.2-SCI Paper\BandMath\1987\input1.tif');

info = geotiffinfo('E:\NO.2-SCI Paper\BandMath\1987\input1.tif');

%转为 m * n,l 矩阵

a = double(reshape(A,[info.Height * info.Width,1]));

%影像转置

```
inputimg = a( : , : )′;
[ B,R] = geotiffread( ′E: \NO. 2-SCI Paper\BandMath\1987\input2. tif′) ;
info = geotiffinfo( ′E: \NO. 2-SCI Paper\BandMath\1987\input2. tif′) ;
% 转为 m * n,1 矩阵
b = double( reshape( A,[ info. Height * info. Width,1 ] ) ) ;
% 影像转置
inputimg = b( : , : )′;
[ C,R] = geotiffread( ′E: \NO. 2-SCI Paper\BandMath\1987\input3. tif′) ;
info = geotiffinfo( ′E: \NO. 2-SCI Paper\BandMath\1987\input3. tif′) ;
% 转为 m * n,1 矩阵
c = double( reshape( A,[ info. Height * info. Width,1 ] ) ) ;
% 影像转置
inputimg = c( : , : )′;
[ D,R] = geotiffread( ′E: \NO. 2-SCI Paper\BandMath\1987\input4. tif′) ;
info = geotiffinfo( ′E: \NO. 2-SCI Paper\BandMath\1987\input4. tif′) ;
% 转为 m * n,1 矩阵
d = double( reshape( A,[ info. Height * info. Width,1 ] ) ) ;
% 影像转置
inputimg = [ a,b,c,d] ;
inputimg = inputimg′;
input = xlsread( ′traininput. xlsx′) ;
input = input′;
target = xlsread( ′target. xlsx′) ;
target = target′;
nntic = tic ;
hiddenLayerSize = 11 ;
net = feedforwardnet( hiddenLayerSize) ;
net. trainParam. lr = 0. 05 ;
net. trainParam. epochs = 500000 ;
net. trainParam. goal = 1e − 7 ;
```

net. divideParam. trainRatio = 70/100 ;

net. divideParam. valRatio = 15/100 ;

net. divideParam. testRatio = 15/100 ;

net = init(net) ;

[net, tr] = train(net, input, target) ;

output = sim(net, input) ;

outimg = sim(net, inputimg) ;

outimg = outimg′;

rasterSize = size(outimg) ;

%%

result = reshape(outimg, [1088, 647]) ;

imagesc(result)

colorbar

%%

% latlim = [-90, 90] ;

% lonlim = [-180, 180] ;

geotiffwrite('E:\NO. 2-SCI Paper\BandMath\1987\dianchi1987-2. tif', result, R, 'GeoKeyDirectoryTag', info. GeoTIFFTags. GeoKeyDirectoryTag) ;

(3)关键代码解析。

[A, R] = geotiffread('E:\NO. 2-SCI Paper\BandMath\1987\input1. tif') ;

info = geotiffinfo('E:\NO. 2-SCI Paper\BandMath\1987\input1. tif') ;

%转为 m*n,1 矩阵

a = double(reshape(A, [info. Height * info. Width, 1])) ;

%影像转置

inputimg = a(: , :)′;

[B, R] = geotiffread('E:\NO. 2-SCI Paper\BandMath\1987\input2. tif') ;

info = geotiffinfo('E:\NO. 2-SCI Paper\BandMath\1987\input2. tif') ;

%转为 m*n,1 矩阵

b = double(reshape(A, [info. Height * info. Width, 1])) ;

%影像转置

```
inputimg = b( : , : )';
[C,R] = geotiffread('E:\NO.2-SCI Paper\BandMath\1987\input3. tif');
info = geotiffinfo('E:\NO.2-SCI Paper\BandMath\1987\input3. tif');
%转为 m*n,1 矩阵
c = double(reshape(A,[info. Height * info. Width,1]));
%影像转置
inputimg = c( : , : )';
[D,R] = geotiffread('E:\NO.2-SCI Paper\BandMath\1987\input4. tif');
info = geotiffinfo('E:\NO.2-SCI Paper\BandMath\1987\input4. tif');
%转为 m*n,1 矩阵
d = double(reshape(A,[info. Height * info. Width,1]));
```

将四个波段运算结果导入 MATLAB 2018a 软件中,将遥感图像转为矩阵的形式。

```
inputimg = [a,b,c,d];
inputimg = inputimg';
```

将输入的四个波段合成一个矩阵作为 BP 神经网络模型的输入层。

```
input = xlsread('traininput. xlsx');
input = input';
target = xlsread('target. xlsx');
target = target';
nntic = tic;
hiddenLayerSize = 11;
net = feedforwardnet(hiddenLayerSize);
net. trainParam. lr = 0.05;
net. trainParam. epochs = 500000;
net. trainParam. goal = 1e - 7;
net. divideParam. trainRatio = 70/100;
net. divideParam. valRatio = 15/100;
net. divideParam. testRatio = 15/100;
net = init(net);
```

$$[\,net,tr\,] = train(\,net,input,target\,)\,;$$

$$output = sim(\,net,input\,)\,;$$

$$outimg = sim(\,net,inputimg\,)\,;$$

$$outimg = outimg'\,;$$

$$rasterSize = size(\,outimg\,)\,;$$

运用该 BP 神经网络模型,得出结果矩阵。

$$result = reshape(\,outimg,[\,1088,647\,]\,)\,;$$

$$imagesc(\,result\,)$$

$$colorbar$$

$$\%\%$$

$$\%\ \ latlim = [\,-90,90\,]\,;$$

$$\%\ \ lonlim = [\,-180,180\,]\,;$$

$$geotiffwrite(\,'E\,:\,\backslash NO.\,2\text{-}SCI\ Paper\backslash BandMath\backslash 1987\backslash dianchi1987\text{-}2.\,tif'\,,\ result,\ R,$$
$$'GeoKeyDirectoryTag'\,,\ info.\,GeoTIFFTags.\,GeoKeyDirectoryTag\,)\,;$$

将结果矩阵转换为 Geotiff 格式的图像。

11.6.4　BP 神经网络模型的精度验证

(1)在 ENVI 主界面中打开 BP 神经网络模型反演结果文件。

(2)在 ENVI 主界面中选择菜单"File"→"New"→"ROI from ASCII File",在弹出的对话框中选择文件"sample. txt",点击"OK"按钮。

(3)在弹出的"ASCII Template"面板中,在 Step 1 中设置"Data Starts at Line"为"2",点击"Next"进入下一步。

(4)在 Step2 中,修改"Delimiter Between Data Elements"为"White Space",点击"Next"进入下一步。

(5)在 Step3 中(如图 11.13),修改"FIELD2"的 Name 为"Y"(即纬度),修改"FIELD3"的 Name 为"X"(即经度),点击"Finish"按钮。

(6)在弹出的"File Selection"对话框中选择波段运算结果文件,点击"OK"按钮。在 Layer Manager 中自动加载了栅格和 ROI 图层。

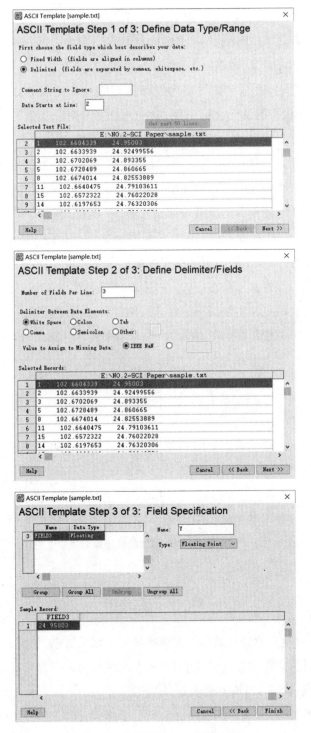

图 11.13 ASCII Template 面板设置

（7）单击 ENVI 工具栏中的图标幅，打开"Region of Interest（ROI）Tool"面板，选择菜单"File"→"Export"→"Export to CSV"，在弹出的对话框中设置 CSV 文件输出路径和文件名，单击"OK"按钮。

通过对比发现，通过 ROI 导出的经纬度与输入实测点的经纬度不完全一致，这是因为图像中的像元坐标一般取中心点的经纬度，而实测点位不一定与图像像元中心点对应，当输入的经纬度与图像上单个像元的经纬度不一致时，就会采用就近原则，与最近的像素点匹配，并输出该点的经纬度坐标。环境小卫星的空间分辨率是 30 米，换算成经纬度大致在几秒的范围内。

提示：ENVI 中的像元信息是按照从上到下、从左到右的"Z"字形顺序利用 ROI Tool 导出的。因此我们导入的实测点最好先进行排序，这样导出的结果与实测点顺序保持一致，不需要根据经纬度逐个手动调整。

利用上述步骤将验证点对应的叶绿素反演值导出为 CSV 表格，在 Excel 表中将反演值与验证点的实测值一一对应。同样可以利用模型参数反演的方法，插入散点图并添加趋势线。R^2 值越大，说明结果可靠性越高，如图 11.14。

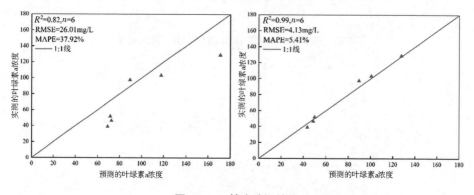

图 11.14　精度验证结果

11.7　练习题

（1）根据滇池实测光谱数据与实测叶绿素 a 浓度数据，分析 BP 神经网络隐含层设置不同的神经元节点对基于 BP 神经网络模型的叶绿素 a 浓度反演的影响，获得相关系数（R）与均方根误差（RMSE）。

（2）根据滇池区域的 Landsat-5 TM 影像数据"LT05＿L1TP＿129043＿20090831"，分析滇池区域叶绿素 a 浓度与各波段的相关性，获得相关性较好的波段组合。

（3）根据滇池区域的 Landsat-5 TM 影像数据"LT05_L1TP_129043_20090831"，分析不同的大气校正模型(FLAASH 模型、6S 模型、QUAC 模型以及暗像元法)对叶绿素 a 浓度反演结果的影响，观察四种大气校正模型的差异与优、缺点。

（4）根据滇池区域的 Landsat-5 TM 影像数据"LT05_L1TP_129043_20090831"和 Landsat-8 OLI 影像数据"LC08_L1TP_129043_20171109"，将 Landsat-5 TM 影像的 B3/(B1+B2)、(B1+B2)/(B1+B2+B3)、(B1+B3)/(B1+B2+B4)、(B2+B4)/(B2+B3+B4)(其中 B1 为蓝光波段，B2 为绿光波段，B3 为红光波段，B4 为近红外波段)四种波段比值模型与叶绿素 a 浓度进行相关性分析，观察拟合效果并将 Landsat-5 TM 与 Landsat-8 OLI 的结果进行对比分析。

11.8　实验报告

（1）根据练习题(1)的分析结果，完成表 11.2。

表 11.2　不同隐含层节点神经网络模型的相关系数与均方根误差

节点数	1	2	3	4	5	6	7	8	9	10	11	12
R												
RMSE												

（2）根据练习题(2)的分析结果，完成表 11.3。

表 11.3　Landsat-5 TM 影像的各波段与实测叶绿素 a 浓度的相关性

波段	Pearson 相关系数
B1	
B2	
B3	
B4	

（3）根据练习题(3)的分析结果，完成表 11.4。

表 11.4　各大气校正算法的结果

大气校正方法	FLAASH	6S	QUAC	暗像元
真实反射率				
大气校正后的反射率				
R				
RMSE				
MAPE				

(4)根据练习题(4)的分析结果,完成表 11.5。

表 11.5　叶绿素 a 浓度与各波段组合的相关性

波段组合	B3/(B1 + B2)	(B1 + B2)/(B1 + B2 + B3)	(B1 + B3)/(B1 + B2 + B4)	(B2 + B4)/(B2 + B3 + B4)
Landsat-5 TM				
Landsat-8 OLI				
Pearson 相关系数				

11.9　思考题

(1)简述水环境遥感的基本原理。

(2)遥感在水资源监测等方面的应用有哪些显著优势?

(3)什么是水体的固有光学特性? 什么是水体的表观光学特性?

(4)简述叶绿素遥感的波谱基础。

(5)分析滇池水体 1 月(冬季)、3 月(春季)、6 月(夏季)、9 月(秋季)叶绿素 a 浓度空间分布有何不同,试分析差异产生的原因。

(6)常用的水质参数光谱反演模型有哪些?

(7)运用遥感影像对水质参数进行定量反演时,如何提高水质参数的反演精度?

第四篇
城市夜光遥感

实验 12 基于土地利用及夜光遥感数据的
井冈山市经济发展研究

12.1 实验要求

根据井冈山市 1992—2017 年六期的夜光遥感数据和 Landsat 数据,进行以下处理与分析:

(1)对井冈山市各时期的土地覆盖类型进行遥感识别,统计不同时期建设用地所占面积。

(2)利用灯光数据统计夜间灯光总强度(TNL)、平均相对灯光指数(I)。

(3)利用所得数据以及网络采集到的经济数据、人口数据探索井冈山市的 GDP、土地建设用地、人口与夜间灯光指数之间的相关性。

12.2 实验目标

(1)熟悉并掌握基于光谱的土地利用监督分类方法。

(2)了解灯光影像的校正方式以及灯光指数的计算方式。

12.3 实验软件

ENVI 5.3、ArcGIS 10.2、Excel。

12.4 实验区域与数据

12.4.1 实验数据

"裁剪后的数据"文件夹:

"Landsat"文件夹:

文件"1992cj":1992 年井冈山市预处理后 Landsat 多光谱影像数据。

文件"1995cj":1995 年井冈山市预处理后 Landsat 多光谱影像数据。

文件"2001cj":2001 年井冈山市预处理后 Landsat 多光谱影像数据。

文件"2007cj":2007 年井冈山市预处理后 Landsat 多光谱影像数据。

文件"2013cj":2013 年井冈山市预处理后 Landsat 多光谱影像数据。

文件"2017cj":2017 年井冈山市预处理后 Landsat 多光谱影像数据。

"灯光原始影像"文件夹:

"DMSP_OLS"文件夹:

文件"F121992":1992 年井冈山市夜间灯光数据。

文件"F121995":1995 年井冈山市夜间灯光数据。

文件"F142001":2001 年井冈山市夜间灯光数据。

文件"F152001":2001 年井冈山市夜间灯光数据。

文件"F152007":2007 年井冈山市夜间灯光数据。

文件"F162007":2007 年井冈山市夜间灯光数据。

文件"F182013":2013 年井冈山市夜间灯光数据。

"NPP_VIIRS"文件夹:

文 件 " SVDNB _ npp _ 2017010120170131 _ 75N060E _ vcmcfg _ v10 _ c20170224123 至 SVDNB _ npp _ 20171201 – 20171231 _ 75N060E _ vcmcfg _ v10 _ c201801021747":2017 年井冈山市每月无云夜间灯光数据。

"辅助数据"文件夹:

"矢量边界"文件夹:文件"JingGangShan. shp"。

"经济、人口、建设用地面积统计数据"文件夹:

文件"井冈山市经济、人口、建设用地面积统计数据. xlsx":井冈山市 1992 年、1995 年、2001 年、2007 年、2013 年、2017 年经济、人口、建设用地面积统计数据。

12.4.2　实验区域

井冈山市,江西省县级市,吉安市代管,位于江西省西南部,地处赣、湘两省交界的罗霄山脉中段,古有"郴衡湘赣之交,千里罗霄之腹"之称,位于北纬 26.34°,东经 114.10°,东邻泰和县,北接永新县,南临遂川县,西接湖南省茶陵县、炎陵县。

井冈山市属亚热带季风气候,四季分明,雨量充沛。井冈山市境内的井冈山风景旅游区是国家 AAAAA 级旅游景区、国家级风景名胜区、国家级自然保护区。这里瓷土矿、稀土矿储量极为丰富,为两大优势矿种。

井冈山市被誉为"中国革命的摇篮"。土地革命战争时期,中国共产党在湖南、江西两省边界的罗霄山脉中段创建第一个农村革命根据地,点燃了"工农武装割据"的星星之火,为中国革命的中心工作完成从城市到农村的伟大战略转移,走上农村包围城市,武装夺取政权,开辟了新的道路。革命根据地形成了革命"低潮"时的一个局部"高潮",有力地推动了中国革命的发展,培养造就了一大批人民军队指战员,留给了我们担当、奋斗、亲民、忠诚等许多宝贵的精神财富。

12.5 实验原理与分析

本研究主要从两个方向处理数据:一是土地利用数据;二是灯光数据。土地利用数据主要包括数据获取、数据预处理(辐射定标、大气校正)、影像裁剪、监督分类(建立感兴趣区、波段组合、选取样本、可分离性验证、选取分类方法分类、输出分类结果)、分类后处理(祛除小斑块、人为调整、精度验证、影像掩膜、分类统计)、动态监测以及专题图制作。灯光数据处理步骤虽少,但是较为复杂,数据处理的目的是解决数据校正问题、去除背景噪声及合成 NPP/VIIRS 数据。

【实验要求1】区分井冈山市的土地覆盖类型。本实验根据研究区域的特点和全国土地利用分类体系,将土地覆盖类型分为建设用地、林地、耕地、裸地、水域。

【实验要求2】通过 DMSP/OLS 灯光数据进行数据校正,其中包括传感器的相互校正、多传感器同一年份影像数据的 DN 值校正、多传感器不同年份影像数据的 DN 值校正。

(1)传感器的相互校正方程如下:

$$DN_m = a \times DN_n^2 + b \times DN_n + c. \tag{12.1}$$

$$DN_n' = a \times DN_0^2 + b \times DN_0 + c. \tag{12.2}$$

DN_m, DN_n 是两个不同传感器的像素值;DN_0, DN_n' 分别为校正前后的值。

(2)两个传感器同一年的影像不仅存在不稳定像元,其 DN 值也有差异。为保证数据的稳定性,要对多个传感器独立获取的相同年度的夜间灯光影像进行校正。多传感器同一年份影像数据的 DN 值校正:

$$DN_{(n,i)} = \begin{cases} 0, & DN^a_{(n,i)} = 0 \text{ 且 } DN^b_{(n,i)} = 0 \\ \dfrac{DN^a_{(n,i)} + DN^b_{(n,i)}}{2}, & \text{其他} \end{cases} . \quad (n = 2007) \qquad (12.3)$$

$DN^a_{(n,i)}$，$DN^b_{(n,i)}$ 分别表示第 n 年相互校正后的两个不同传感器获取的夜间灯光影像中的 i 像元的 DN 值；$DN_{(n,i)}$ 表示校正后的第 n 年影像中的 i 像元的 DN 值。

（3）根据夜光遥感数据的变化规律，后一年份的夜光遥感数据的 DN 值不应小于前一年份的 DN 值。多传感器不同年份影像数据的 DN 值校正：

$$DN_{(n,i)} = \begin{cases} DN_{(n-1,i)}, & DN_{(n-1,i)} > DN_{(m,i)} \\ DN_{(n,i)}, & \text{其他} \end{cases} \qquad (12.4)$$

$DN_{(n,i)}$ 后一年数据的 DN 值；$DN_{(n-1,i)}$ 为前一年数据的 DN 值。

经过校正后，统计不同时期的夜间灯光数据的三种灯光指数。计算公式为：

$$TNL = \sum_{i = DN_{min}}^{DN_{max}} (DN_i \times n_i) . \qquad (12.5)$$

$$I = \frac{TNL}{(DN_{max} \times N_L)} . \qquad (12.6)$$

$$CNLI = I \times S . \quad (S \text{ 为灯光照明面积}) \qquad (12.7)$$

$$S = \frac{Area_N}{Area} . \qquad (12.8)$$

12.6　实验步骤

12.6.1 土地利用监督分类

为了更好地找出不同地物的反射光谱差异，建立准确的分类规则，本实验结合遥感影像和同时期"谷歌地球"上的影像，在谷歌地图上选取各类典型地物样本数据，并转化为 ROI。

首先，加载"JingGangShan. shp"对大气校正后的影像进行裁剪，再进行监督分类，步骤如下。

（1）在谷歌地图菜单栏中选择 ▨ ，将时间条拉至 1992 年 10 月，观察谷歌地图上的地物分类，对照遥感图像选取典型地物样本数据。

（2）在列表图像数据上点右键，点击"New Region of Interest"，建立感兴趣区，如图 12.1 所示。

图 12.1 建立感兴趣区

在"ROI Name"中输入地物名称，点击 可新建地物类别，点击 可删除
地物类别。根据以上步骤，继续添加"林地""耕地""水域""裸地"四类地类样
本数据。

（3）为了使分类精度更高，需要计算样本的可分离性。在"Region of Interest
Tool"界面点击"Options"，选择"Compute Statistics from ROIs"计算样本的可分离
性。当可分离性的值大于 1.9，说明样本之间的可分离性好，该样本属于合格样
本。否则在某地物斑块上点右键，点击"Delete Record"进行删除，重新勾选，直
到选出合格样本。

（4）在工具栏找到"Classification"→"Supervised Classification"→"Support
Vector Machine Classification"，选择基于向量机的监督分类方式对影像进行分
类，参数设置如图 12.2 所示。

（5）得到分类结果影像后，为使分类结果更精确，需对影像进行分类后处
理，可根据实际情况运用三种处理方式进行处理。

打开分类后的数据，然后在"Toolbox"中选择"Classification"→"Post"→
"Classification"的"Majority/Minority Parameters"，选择分类数据，进行小斑块去
除处理，如图 12.3 所示。

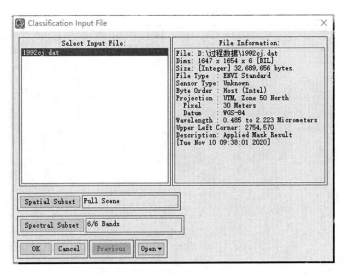

图 12.2　监督分类参数设置

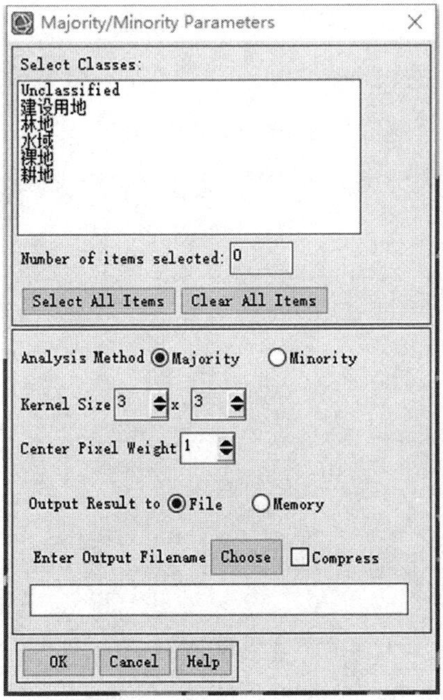

图 12.3　去除小斑块

在"Toolbox"中点击"Classification"→"Post Classification"→"Clump Classes",选择分类后的数据,进行聚类处理,如图12.4所示。

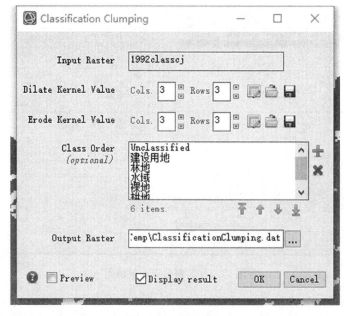

图 12.4　聚类处理

在"Toolbox"中点击"Classification"→"Post Classification"→"Sieve Classes"，选择分类后的数据，在"Classification Sieving"窗口，选中所有类别，像元连通域选择 8 连通域，最小尺寸为 5，即设置过滤的阈值，然后进行过滤处理，如图12.5 所示。

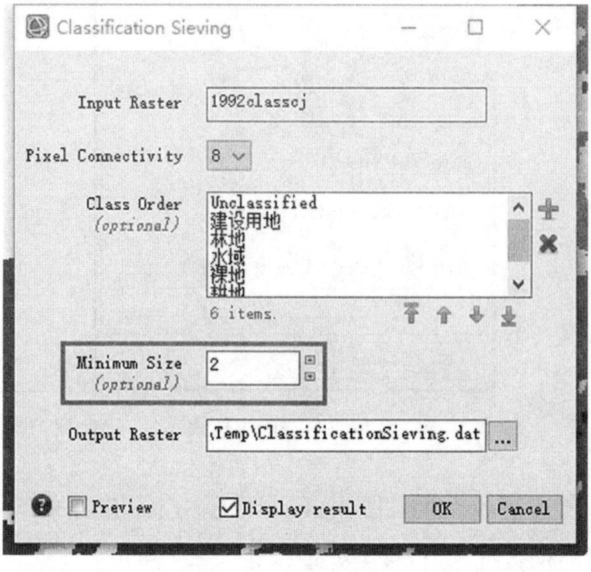

图 12.5　过滤处理

分别对 1995 年、2001 年、2007 年、2013 年和 2017 年的影像数据进行监督分类。

12.6.2 建设用地面积的获取

利用分类完成后的数据,统计建设用地面积。打开 ENVI 中的分类统计工具,路径为"Classification"→"Post Classification"→"Class Statistics"。在弹出的对话框中选择分类后处理的影像,在"Statistics Input File"面板中,选择分类前的影像。在"Class Selection"面板中,选择需要统计的"建设用地"项目,并勾选需要输出的数据类型,设置输出文件夹后进行输出。如图 12.6 所示。

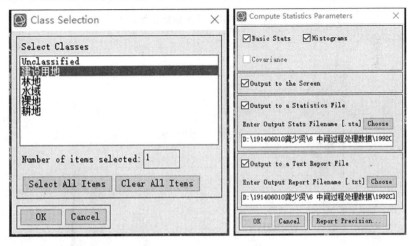

图 12.6 统计建设用地面积

12.6.3 灯光数据预处理

(1)根据 NPP/VIIRS 灯光数据求研究区域每个像元的平均值。输入以下公式:

$$(b1 + b2 + b3 + b4 + b5 + b6 + b7 + b8 + b9 + b10 + b11 + b12)/12. \quad (12.9)$$

选择与 b1 ~ b12 对应的每月的 NPP/VIIRS 数据,参考图 12.7。

(2)对下载的夜间灯光数据进行投影转换与重采样。打开 ArcGIS,在工具中选择"数据管理工具"→"投影与转换"→"栅格"→"投影栅格"。输出坐标系设置为投影坐标系"Asia_Lambert_Conformal_Conic",重采样技术选择"NEAREST",重采样为 1000 m,即输出像元大小设置为"1000"。参数设置如图 12.8 所示。

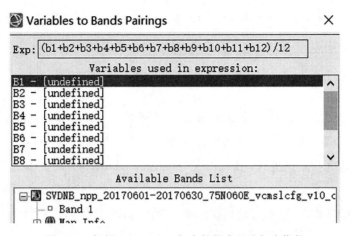

图 12.7　根据 NPP/VIIRS 灯光数据求平均灯光指数

图 12.8　灯光数据重投影及重采样

（3）对 DMSP/OLS 数据和 NPP/VIIRS 数据进行裁剪。在工具箱中选择"空间分析工具"→"提取分析"→"按掩膜提取"。在"输入栅格"中输入夜间灯光数据，"输入栅格数据或要素掩膜数据"中输入矢量数据，设置输出路径和文件名。如图 12.9 所示。

图 12.9　灯光数据裁剪

(4) NPP/VIIRS 背景噪声值去除。使用以下公式：

$$-1*(b1<0)+(b1>=0)*b1. \tag{12.10}$$

去除 2017 年 NPP/VIIRS 数据中值小于 0 的背景噪声，表达式如图 12.10 所示。

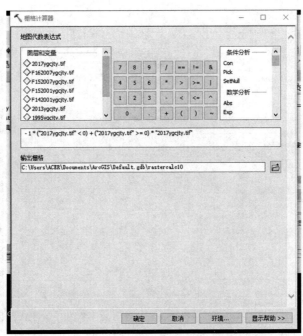

图 12.10　NPP/VIIRS 灯光数据背景噪声去除

（5）DMSP/OLS 灯光数据相互校正。本项目使用的校正参数如表 12.1 所示。

表 12.1　每一期影像的相互校正参数

卫星及年份	a	b	c	R^2
F101992	0.036	0.337	2.581	0.850
F121995	0.034	0.513	0.485	0.851
F142001	0.021	0.780	0.188	0.862
F152001	0.032	0.560	0.487	0.869
F152007	0.018	0.977	0.086	0.892
F162007	0.019	0.701	0.310	0.888
F182013	0.016	0.271	2.680	0.850

接着进行相互校正。在 ArcGIS 中使用"空间分析工具"→"栅格计算器"，输入 $a\mathrm{DN}^2 + b\mathrm{DN}c$。

其中 DN 为"图层与变量"中待校正的影像（以 1992 年校正影像为例，如图 12.11 所示）。

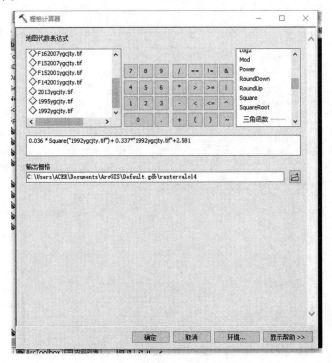

图 12.11　1992 年相互校正的影像

（6）对 DMSP/OLS 灯光数据进行不同传感器获取相同年度影像间校正。使用"栅格计算器"，输入以下公式：

$$\text{Con}((\text{DN}^a_{(n,i)}!=0)\&(\text{DN}^b_{(n,i)}!=0),(\text{DN}^a_{(n,i)}+\text{DN}^b_{(n,i)})/2,0). \qquad (12.10)$$

其中，"Con"为条件判断函数。$(\text{DN}^a_{(n,i)}!=0)\&(\text{DN}^b_{(n,i)}!=0)$ 为条件；条件为真时返回"$(\text{DN}^a_{(n,i)}+\text{DN}^b_{(n,i)})/2$"，为假时返回"0"；"&"用于并列两个条件（以 2001 年所获取的两个不同传感器的影像为例，如图 12.12 所示）。

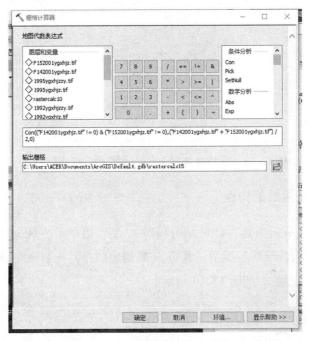

图 12.12　2001 年不同传感器连续校正影像

（7）为使前一年影像中的像元 DN 值不大于后一年影像中相同位置的像元 DN 值，对 DMSP/OLS 灯光数据进行多传感器不同年度影像数据间校正。使用"栅格计算器"，对 1995、2001、2007、2013 年数据进行校正，输入以下公式：

$$\text{Con}\left(\text{DN}_{(n+5,i)}=0,0,\text{Con}((\text{DN}_{(n+5,i)}>0)\&(\text{DN}_{(n-5,i)}>$$

$$\text{DN}_{(n,i)}),\text{DN}_{(n-5,i)},\text{DN}_{(n,i)})\right). \qquad (12.11)$$

注意：这里嵌套了两个 Con( )语句，用于判断三个条件，以基于 1992 年灯光数据对 1995 年灯光数据校正影像为例，如图 12.13 所示。

图 12.13 对 1992 年和 1995 年间灯光影像连续校正

12.6.4 灯光指数的构建

点击"空间分析工具"→"区域分析"→"以表格显示分区统计",输入矢量数据、赋值栅格,统计所有类型。其中 SUM 得出的是灯光总强度、MEAN 获得的是平均相对灯光强度,如图 12.14 所示。

图 12.14 灯光指数的构建

12.6.5 灯光指数与建筑面积、人口数据以及经济数据的回归分析

将监督分类后的建筑用地面积、来自中国经济社会大数据研究平台的经济、人口数据整合成表12.2。

表12.2 统计数据

年份	区域照明面积 S（m²）	平均相对灯光强度 I	夜间照明总灯光 TNL	综合灯光指数 CNLI	GDP（万元）	人口密度（人/km²）	建设用地面积（m²）
1992	38412203	0.194112	317.17922	7456269.549	10044	82	16130579
1995	69957344	0.342736	560.031027	23976900.25	20770	85	17698979
2001	119473200	0.630867	793	75371699.26	71056	1696	21647295
2007	339582390	1.604578000	2033	544886432.2	173780	4736	106025521
2013	245763247	2.434096000	3084	598211336.5	492838	4719	71319595
2017	1565969133	8.521415370	10814	13344273438	705534	5281	109719866

首先，绘制散点图。确定自变量和因变量，本实验中自变量为两种灯光指数，因变量为建筑面积、人口以及经济数据。在 Excel 的菜单栏中点击"插入"，找到散点图 ▨。

其次，进行曲线拟合。在散点图中用添加趋势线的方式进行曲线估计，趋势线的自变量为两种灯光指数，因变量为建筑面积、人口以及经济数据。曲线估计的精度由 R 来衡量：R 越接近1，说明趋势线的拟合效果越好。本实验所采用的趋势线类型为对数、二次多项式、三次多项式、乘幂、指数等类型，通过比较几种趋势线拟合的值，最终确定最合适的反演模型。

选中散点图中的点，右击"添加趋势线"，在"类型"中选择多项式模型，在"选项"中勾选"显示公式""显示 R 平方值"，点击"确定"得到结果。

1. 建筑用地以及人口因素

由于灯光集中于居民地，目前许多研究基于灯光数据对城镇进行提取和验证。这表明，灯光数据与建设用地存在一定的相关性。通过对夜间灯光数据的处理，可以为我国城镇建设用地扩张的监测与评估提供一种快速、有效的方法。所以，本研究利用井冈山灯光数据与其建筑用地、人口数据做多项式回归模型，

如图 12.15、12.16 所示。结果表明,灯光指数 CNLI 与建筑面积、人口密度相关性较高。

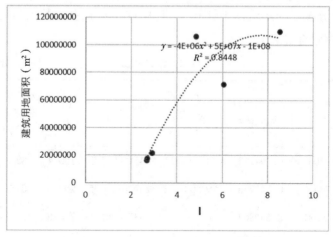

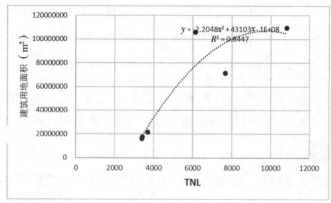

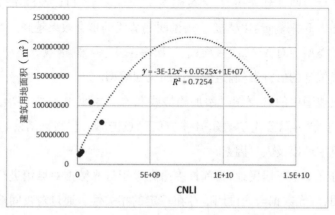

图 12.15　灯光指数与建筑用地面积回归分析图

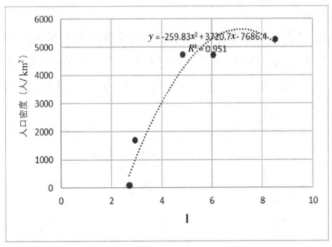

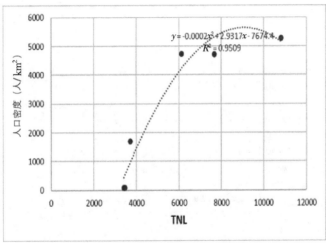

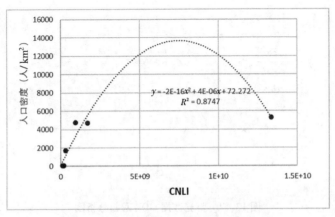

图 12.16　灯光指数与人口密度回归分析图

2. 经济因素

综合对比不同的灯光指数与行政区生产总值(GDP)的相关性分析,发现 GDP 与夜间灯光总强度 TNL、平均相对灯光强度 I 的相关性较低,而将 CNLI 用于分析社会经济方面的其他指数更为客观。回归分析如图 12.17 所示。

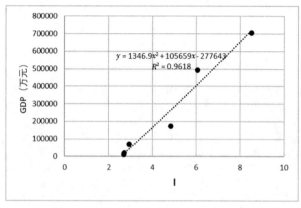

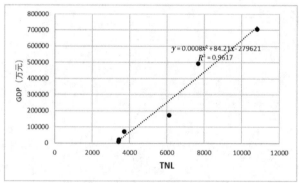

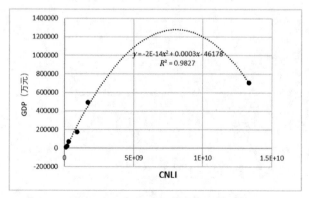

图 12.17 灯光数据 GDP 回归分析图

12.6.6　模拟 GDP 精度验证

本文以相关系数的高低作为判断原则,最终选择 GDP 与灯光指数 CNLI 的统计回归模型作为井冈山市 GDP 空间化表达的最佳模型,来预测该市 GDP 产值。为验证该模型的精度,本研究利用井冈山市 1992 年、1995 年、2001 年、2007 年、2013 年以及 2017 年的灯光指数和 GDP 空间化模型,将 CNIL 作为未知参数代入 GDP 与 CNIL 的回归分析公式,计算得到井冈山市的 GDP 总量模拟值,并与相应年份的 GDP 统计数据进行对比分析,计算相对误差与差异系数,验证 GDP 模拟值与真实值的数值差异。相对误差以及差异系数的计算公式如下:

相对误差 = 统计值与预测值的 GDP 差值/GDP 统计值.

差异系数 = 该市 GDP 实际值/预测值.　　　　（12.12）

通过公式计算,获取井冈山市六个年份的模拟 GDP,从而与统计 GDP 进行比较,得到的结果如图 12.18。

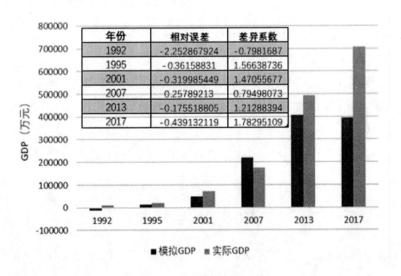

年份	相对误差	差异系数
1992	-2.252867924	-0.7981687
1995	-0.36158831	1.56638736
2001	-0.319985449	1.47055677
2007	0.25789213	0.79498073
2013	-0.175518805	1.21288394
2017	-0.439132119	1.78295109

图 12.18　模型精度验证

通过线性回归方程构建模型得出 GDP 模拟值与真实值间决定系数为0.887,如图 12.19 所示,即夜间灯光指数与区域经济数据之间有着很强的线性相关性,充分证明了夜间灯光数据适用于行政区尺度的区域经济数据研究。

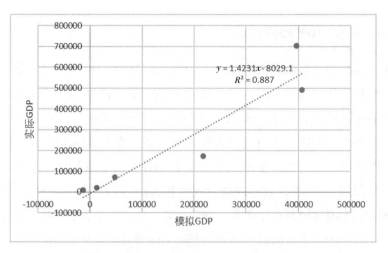

图 12.19　模拟 GDP 与实际 GDP 相关性分析

12.7　练习题

(1)根据井冈山市 1992 年、1995 年、2001 年、2007 年、2013 年以及 2017 年的 Landsat 数据进行土地利用类型监督分类。

(2)根据井冈山市 1992 年、1995 年、2001 年、2007 年、2013 年的 DMSP/OLS 灯光数据,利用 2017 年每个月的 NPP/VIIRS 数据完成夜间灯光数据的预处理步骤。

(3)统计灯光指数,选取可能相关的因素,如人口因素、经济因素等,做回归分析。

12.8　实验报告

(1)完成练习题(1),计算井冈山市各类用地面积的年际变化数据,完成表 12.3。

表 12.3　井冈山市土地利用年际变化表

地类	年份					
	1992	1995	2001	2007	2013	2017
建设用地						
林地						

续表12.3

地类	年份					
	1992	1995	2001	2007	2013	2017
水域						
耕地						
裸地						

（2）根据统计数据，完成表12.4。

表12.4 井冈山市经济、人口、建设用地面积以及灯光指数统计数据

年份	平均相对灯光强度 I	夜间照明总灯光 TNL	综合灯光指数 CNLI	GDP（万元）	人口密度（人/km²）
1992					
1995					
2001					
2007					
2013					
2017					

（3）根据统计表12.4，制作线性相关图，列图提交。

12.9 思考题

（1）对 DMSP/OLS 灯光数据校正的作用是什么？

（2）除了监督分类，还有其他分类方式吗？

（3）为什么要对 NPP/VIIRS 数据进行背景噪声去除？

实验 13 基于土地利用及夜光遥感数据的遵义市经济发展研究

13.1 实验要求

根据遵义市的土地利用和土地覆盖数据以及夜光遥感影像数据,完成下列分析:

(1)统计遵义市不同时期各类土地利用和土地覆盖类型的面积,并制作土地利用转移矩阵。

(2)对夜间灯光数据进行预处理。

(3)计算夜间灯光指数,分析各县级地区的生产总值、分产业生产总值以及第二、三产业总值之和与夜间灯光指数的相关性。

(4)依据(3)得到的结果,选择最佳夜间灯光指数与各县级地区的生产总值、分产业生产总值以及第二、三产业总值之和进行回归分析,构建 GDP 预测模型,并进行模型验证。

13.2 实验目标

(1)掌握 GlobeLand 30 土地覆盖数据的土地利用转移矩阵的制作方法与步骤。

(2)掌握夜间灯光数据预处理的过程。

(3)掌握夜间灯光指数构建的一般方法与步骤。

(4)掌握 GDP 预测模型构建的一般方法与步骤。

13.3 实验软件

ENVI 5.3、ArcGIS 10.2、Excel、Origin 2018。

13.4　实验区域与数据

13.4.1　实验数据

"原始数据"文件夹:1995 年、2000 年、2005 年、2010 年的 DMSP/OLS 数据,其中 2000 年和 2005 年的数据包含两个不同卫星的遥感影像数据。

"裁剪后的数据"→"遵义市夜光遥感预处理后数据"文件夹:

"zy_1995mask":遵义市 1995 年夜光遥感影像。

"zy_2000mask":遵义市 2000 年夜光遥感影像。

"zy_2005mask":遵义市 2005 年夜光遥感影像。

"zy_2010mask":遵义市 2010 年夜光遥感影像。

"裁剪后的数据"→"遵义市土地利用与土地覆盖预处理后数据"文件夹:

"Zy_2000LC_Clip":遵义市 2000 年土地利用与土地覆盖数据。

"Zy_2010LC_Clip":遵义市 2010 年土地利用与土地覆盖数据。

"Zy_2020LC_Clip":遵义市 2020 年土地利用与土地覆盖数据。

"过程数据"文件夹:土地利用数据和夜间灯光数据的处理。

"分析数据"文件夹:GDP 预测模型的构建及验证。

"辅助数据"→"遵义市边界"文件夹:遵义市边界矢量数据。

"辅助数据"→"中国大陆边界"文件夹:中国大陆边界矢量数据。

"辅助数据"→"GDP 统计数据"文件夹:

"2005 年遵义市各县市 GDP 统计数据":遵义市 2005 年各县市 GDP 统计数据。

"2010 年遵义市各县市 GDP 统计数据":遵义市 2010 年各县市 GDP 统计数据。

"2012 年遵义市各县市 GDP 统计数据":遵义市 2012 年各县市 GDP 统计数据。

"2014 年遵义市各县市 GDP 统计数据":遵义市 2014 年各县市 GDP 统计数据。

13.4.2　实验区域

遵义市地处中国西南部、贵州省北部,南邻贵阳、北依重庆、西接四川,介于东经 106°17′22″ ~ 107°26′25″,北纬 27°13′15″ ~ 28°04′09″,处于国家规划长江中上游综合开发和黔中经济区综合开发重要区域,处于成渝—黔中经济区走廊的核心区和主廊道,是西南地区承接南北、连接东西、通江达海的重要交通枢纽。遵义市下辖红花岗区、汇川区和播州区 3 个市辖区,以及桐梓县、绥阳县、正安县、习水县、凤冈县、湄潭县和余庆县 7 个县,道真仡佬族苗族自治县和务川仡佬族苗族自治县 2 个民族自治县,代管仁怀市和赤水市 2 个县级市,共 14 个县级行政区①。总面积达 30780.73 km²,为贵州省总面积的 17.46%,其独特的空间区位优势暗藏巨大的社会经济发展潜力。

13.5　实验原理与分析

土地覆盖是指地球表面的自然状态,如森林、草地、农田等。遥感可直接得到土地覆盖信息,土地覆盖遥感分类方法主要有基于统计理论的分类、基于 GIS 辅助信息的分类和基于知识的分层分类等。本实验因不能获得质量较好的遥感影像,故选取 GlobeLand 30 中的 2000 年、2010 年和 2020 年的全球地表覆盖数据,分析遵义市三个时期的土地利用类型变化状况。

经济发展状态一直受政策、社会环境、世界形势、人文、资源等多种因素的影响而改变,是一个较难全面衡量的变量。夜间灯光影像不仅能够反映城市化、人口和工业的发展情况,而且可以模拟动态监测,估算地区人口、GDP 以及其他社会经济参数。

【实验要求 1】统计不同时期的地物面积,计算土地利用转移矩阵,分析遵义市的土地利用变化情况。本实验根据 GlobeLand 30 所具有的土地覆盖分类体系,将遵义市土地覆盖类型分为 7 类,分别为耕地、林地、草地、人造地表、湿地、水体和灌木地。土地利用转移矩阵计算公式为:

$$S_{ij} = \begin{bmatrix} S_{11} & S_{12} & \cdots & S_{1n} \\ S_{21} & S_{22} & \cdots & S_{2n} \\ S_{n1} & S_{n2} & \cdots & S_{nn} \end{bmatrix}, \ (i, j = 1, 2, \cdots, n). \quad (13.1)$$

式中:S_{ij} 表示变化面积;i, j 分别表示研究开始时间与研究结束时间;n 表示

---

① 2016 年 1 月 4 日,遵义市南部成立新蒲新区。截至目前,遵义市共辖 15 个县级行政区。本实验中所用数据均为 2014 年及以前的数据,故本书中所研究的区域不含新蒲新区。

土地利用类型的数目。

【实验要求 2】对夜间灯光数据进行预处理。本实验选用的夜间灯光数据为 DMSP/OLS,其预处理一般包括:

(1)研究区域裁剪。

(2)影像重投影和重采样。

(3)相互校正。本实验的相互校正采用卢秀等人(2019)构建的定标区内参考影像与待校正影像 DN 值一元二次回归模型,对夜光遥感影像进行校正,各期影像校正模型参数如表 13.1 所示,计算公式为:

$$\mathrm{DN_{correct}} = a \times \mathrm{DN}^2 + b \times \mathrm{DN} + c. \tag{13.2}$$

式中:DN 表示校正前的像元 DN 值;$\mathrm{DN_{correct}}$ 表示校正后的像元 DN 值;a,b,c 为回归系数。

表 13.1　稳定灯光影像二次回归模型的模型参数

卫星序号	年份	a	b	c	R^2
F12	1995	0.034	0.513	0.485	0.851
F14	2000	0.024	0.606	0.346	0.873
F15	2000	0.028	0.578	0.485	0.878
F15	2005	0.026	0.872	0.123	0.855
F16	2005	0.022	0.919	0.096	0.887
F18	2010	0.021	0.146	1.525	0.851

(4)传感器校正。不同传感器获取的同一年份的数据不一致,为了充分利用各独立传感器获取的数据,同时为了能够解决传感器获取数据的不连续问题,研究按照式(13.3)对相互校正后的部分影像进行年内融合。

$$\mathrm{DN}_{(n,i)} = \begin{cases} 0 & \mathrm{DN}^a_{(n,i)} = 0 \,|\, \mathrm{DN}^b_{(n,i)} = 0 \\ \mathrm{DN}^a_{(n,i)} + \mathrm{DN}^b_{(n,i)}/2 & \text{其他} \end{cases}. \tag{13.3}$$

式中:$n = 2000, 2005$;$\mathrm{DN}^a_{(n,i)}$,$\mathrm{DN}^b_{(n,i)}$ 分别表示相互校正后 n 年两个不同传感器获取的 i 像元的 DN 值;$\mathrm{DN}_{(n,i)}$ 表示影像年内融合校正后 n 年的 i 像元的 DN 值。

(5)连续性校正。根据中国城市化发展持续性的基本特点,夜间灯光影像上的亮点区域越来越多,可以假设随着时间的推移,同一个位置夜间灯光的 DN 值只会上升或者不变。如果后五年的 DN 值小于前五年的 DN 值,则令后五年

的 DN 值等于前五年的 DN 值。综上可得校正方程:

$$\text{DN}_{(n,i)} = \begin{cases} 0, & \text{DN}_{(n+5,i)} = 0 \\ \text{DN}_{(n-5,i)}, & \text{DN}_{(n+5,i)} = 0 \text{ 且 } \text{DN}_{(n-5,i)} > \text{DN}_{(n,i)} \end{cases}. \quad (13.4)$$

式中: $n = 1995, 2000, 2005, 2010$; $\text{DN}_{(n-5,i)}$, $\text{DN}_{(n,i)}$, $\text{DN}_{(n+5,i)}$ 分别表示影像的像元 i 在 $n-5$、n 和 $n+5$ 年 DN 值。

【实验要求3】计算夜间灯光指数,分析各县级地区的生产总值、分产业生产总值以及第二、三产业总值之和与夜间灯光指数的相关性。本实验选取四个夜间灯光指数来反映经济发展变化状况,分别为灯光像元属性值与相应的个数之积的夜间照明总强度(Total Night-time Light,TNL)、夜间照明总强度占最大照明强度百分比的平均相对灯光强度 I、区域照明面积与县域总面积之比 S、区域综合灯光指数(Compounded Night Light Index,CNLI)。区域综合灯光指数为平均灯光强度与灯光面积的乘积。

$$\text{TNL} = \sum_{i=\text{DN}_{\min}}^{\text{DN}_{\max}} (\text{DN}_i \times n_i). \quad (13.5)$$

$$I = \frac{\text{TNL}}{(\text{DN}_{\max} \times N_L)}. \quad (13.6)$$

$$S = \frac{\text{Area}_N}{\text{Area}}. \quad (13.7)$$

$$\text{CNLI} = I \times S. \quad (13.8)$$

式中: DN_i 表示区域内像元值为 i 的像元; n_i 表示像元值为 i 的像元个数; N_L 和 Area_N 分别表示区域内的像元总数以及像元占有的总面积; Area 表示县级行政区的总面积。相关性分析方法选择 Pearson 相关性分析方法,其计算公式为:

$$R = \frac{N \sum X_i Y_i - \sum X_i Y_i}{\sqrt{N \sum X_i^2 - (\sum X_i^2)} - \sqrt{N \sum Y_i^2 - (\sum Y_i)^2}}. \quad (13.9)$$

式中: R 是相关系数; X_i 表示夜间灯光指数; Y_i 表示 GDP 统计数据。

【实验要求4】依据实验要求3得到的结果,选择最佳夜间灯光指数与各县级地区的生产总值、分产业生产总值以及第二、三产业总值之和进行回归分析,构建 GDP 预测模型,并进行模型验证。本实验构建的模型公式为:

$$\text{GDP}_i = a \times N_i + b. \quad (13.10)$$

式中: GDP_i 表示 GDP、GDP_1、GDP_2、GDP_3 以及 GDP_{23}; a 和 b 为回归系数; N_i

表示夜间灯光指数。

模型验证是衡量模型应用效果的重要步骤,本实验采用相对误差来对预测 GDP 精度进行验证,其计算公式为:

$$RE = \frac{GDP_e - GDP_s}{GDP_s} \times 100\% .$$ (13.11)

式中,GDP_e 为 GDP 预测数据,GDP_s 为对应 GDP 统计数据。

13.6　实验步骤

13.6.1　土地利用和土地覆盖变化分析

(1)在 ENVI 中打开 2000 年遵义市土地利用和土地覆盖预处理后数据"Zy _2000LC_Clip",在"Layer Manager"中右击图层"Zy_2000LC_Clip.tif",选择 "New Raster Color Slice",在弹出的"File Selection"对话框中,点击"Band 1"→ "OK"。在弹出的"Edit Raster Color Slices:Raster Color Slice"对话框中点击 "Clear Color Slices",清除默认的分割数量,点击"New Default Color Slices",在 "Num Slices"中输入"8",点击"OK",如图 13.1 所示。

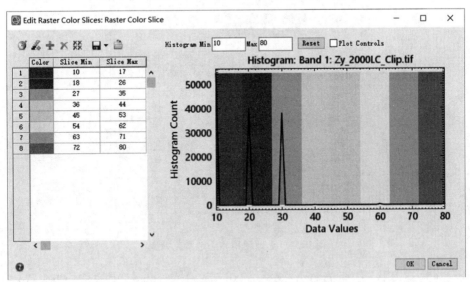

图 13.1　土地利用和土地覆盖类型分类

(2)根据上一步得到的"Slices",右击导出"Export Color Slices"→"Class Im-age",在弹出的"Export Color Slices to Class Image"面板中,选择输出路径及文件

名"ZY_2000LC",点击"OK"。

（3）在 ENVI Classic 中打开"ZY_2000LC",右击"Edit Header"。在弹出的面板中点击"Edit Attributes"→"Classification Info",设置分类数量为"8",点击"OK"。

（4）根据 GlobeLand 30 所具有的土地覆盖分类体系,将遵义市土地覆盖类型分为 7 类,分别为耕地、林地、草地、灌木地、湿地、水体和人造地表,在"Class Color Map Editing"面板中修改对应类型的名称,如图 13.2 所示。

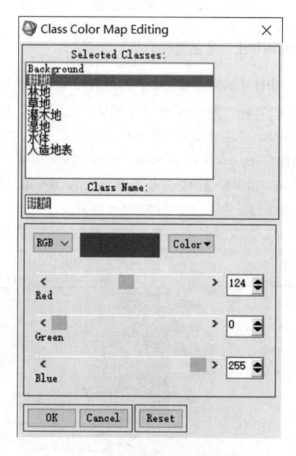

图 13.2　土地利用和土地覆盖类型

（5）在 ENVI 中重新打开"ZY_2000LC",在"Toolbox"中搜索"Class Area Statistics",双击该工具,在弹出的面板中选择"ZY_2000LC",点击"OK"。在"Class Selection"中选择"耕地""林地"等七类,点击"OK"。

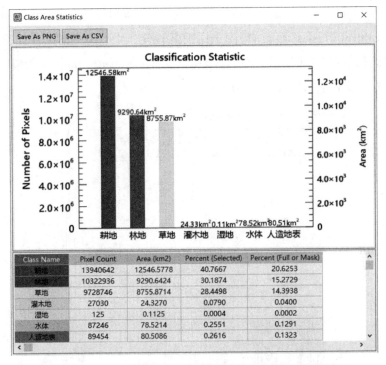

图 13.3　遵义市 2000 年各土地利用和土地覆盖类型面积统计

（6）按照上述操作，得到遵义市 2010 年各土地利用和土地覆盖类型面积统计数据，在 Excel 软件中进行整理，得到 2000 年和 2010 年各类地物面积统计数据，如表 13.2 所示。

表 13.2　2000 年和 2010 年各类地物面积统计数据

土地利用类型	2000 年		2010 年	
	面积（km²）	比例（%）	面积（km²）	比例（%）
耕地	12546.5778	40.7667	12545.16	40.7622
林地	9290.6424	30.1874	10318.68	33.5278
草地	8755.8714	28.4498	7739.879	25.1487
灌木地	24.327	0.079	25.0695	0.0815
湿地	0.1125	0.0004	0.2772	0.0009
水体	78.5214	0.2551	55.1412	0.1792
人造地表	80.5086	0.2616	92.2797	0.2998

（7）在"Toolbox"中搜索"Change Detection Statistics"，双击该工具。在弹出的"Select 'Initial State' Image"面板中，选择"ZY_2010LC"，点击"OK"。在弹出

得"Select'Final State'Image"面板中,选择"ZY_2000LC",点击"OK"。在"De-fine Equivalent Classes"面板中,由于之前的设定,因此其类型直接匹配,点击"OK"即可,如图13.4所示。在"Change Detection Statistics Output"面板中,设置输出路径及文件名"ZY_2000_2010zyjz",点击"OK"。

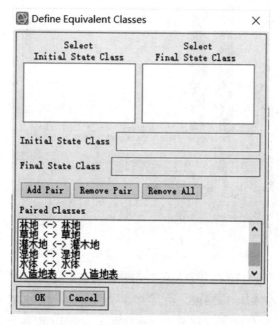

图13.4　定义前后时相的同一类别

(8)结果以二维表格的形式显示,如图13.5所示。点击"File"→"Save to Text file",在弹出的"Save Change Detection Stats to Text"面板中,设置输出路径及文件名"ZY_2000_2010zyjz.txt",点击"OK"。

Change Detection Statistics (Initial State: ZY_2010LC, Final State: ZY_2000LC)

File Options Help

Pixel Count Percentage Area (Square Meters) Reference

		Background	耕地	林地	草地	灌木地	湿地	水体	人造地表	Row Total	Class Total
					Initial State						
	Background	0052328400.00	384300.00	1142100.00	432000.00	0.00	900.00	59400.00	0.00	054346200.00	0054351600.00
	耕地	532800.00	2140671500.00	111805200.00	263754900.00	1503900.00	54000.00	7662600.00	20592900.00	546577800.00	546577800.00
	林地	828900.00	88948800.00	9154666800.00	42866100.00	5400.00	900.00	2886300.00	439200.00	290642400.00	290642400.00
Final State	草地	621000.00	293241600.00	1038023100.00	7408914300.00	0.00	65700.00	12895200.00	2110500.00	755871400.00	755871400.00
	灌木地	0.00	944100.00	0.00	0.00	23375700.00	0.00	0.00	7200.00	24327000.00	24327000.00
	湿地	0.00	61200.00	12600.00	10800.00	0.00	27900.00	0.00	0.00	112500.00	112500.00
	水体	108000.00	12627900.00	12241800.00	21775500.00	144000.00	155700.00	31371300.00	97200.00	78521400.00	78521400.00
	人造地表	900.00	8280000.00	790200.00	2125800.00	40500.00	0.00	238500.00	69032700.00	80508600.00	80508600.00
	Class Total	0054420000.00	2545159400.00	3318681800.00	7739879400.00	25089500.00	277200.00	55141200.00	92229700.00		
	Class Changes	2091600.00	404487900.00	1164015000.00	330965100.00	1693800.00	277200.00	23769900.00	23247000.00		
	Image Difference	-68400.00	1418400.00	1028039400.00	1015992000.00	-742500.00	-164700.00	23380200.00	-11771700.00		

图13.5　变化统计结果

(9)在Excel软件中打开"ZY_2000_2010zyjz.txt",对结果进行统计整理,得到 2000 年和 2010 年土地利用转移矩阵(百分比/面积),如图 13.6 所示。

2000—2010年土地利用转移矩阵(百分比)

2000 ＼ 2010	耕地	林地	草地	灌木地	湿地	水体	人造地表
耕地	96.776	1.084	3.408	5.999	19.481	13.896	22.316
林地	0.709	88.719	0.554	0.022	0.325	5.234	0.476
草地	2.337	10.06	95.724	0	23.701	23.386	2.287
灌木地	0.008	0	0	93.244	0	0	0.008
湿地	0	0	0	0	0	0.051	0
水体	0.101	0.119	0.281	0.574	56.169	56.893	0.105
人造地表	0.066	0.008	0.027	0.162	0	0.433	74.808

2000—2010年土地利用转移矩阵(面积,㎡)

2000 ＼ 2010	耕地	林地	草地	灌木地	湿地	水体	人造地表
耕地	12140671500	111805200	263754900	1503900	54000	7662600	20592900
林地	88948800	9154666800	42866100	5400	900	2886300	439200
草地	293241600	1038023100	7408914300	0	65700	12895200	2110500
灌木地	944100	0	0	23375700	0	0	7200
湿地	61200	12600	10800	0	0	27900	0
水体	12627900	12241800	21775500	144000	155700	31371300	97200
人造地表	8280000	790200	2125800	40500	0	238500	69032700

图 13.6　2000 年和 2010 年土地利用转移矩阵(百分比/面积)

13.6.2　夜间灯光数据预处理

(1)影像裁剪。在 ArcGIS 中打开"F121995. v4b_web. stable_lights. avg_vis. tif"和"China. shp",在"ArcToolbox"中选择"Spatial Analyst 工具"→"提取分析"→"按掩膜提取",在弹出的"按掩膜提取"面板中,"输入栅格"选择"F121995. v4b_web. stable_lights. avg_vis. tif","输入栅格数据或要素掩膜数据"选择"China. shp","输出栅格"设置为"China_F121995",如图 13.7,点击"确定"。同理,按此方法得到其他影像的裁剪结果。

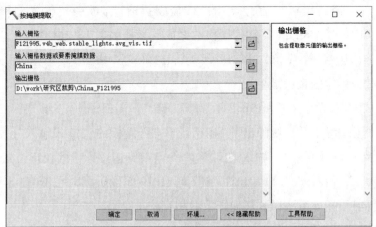

图 13.7　按掩膜提取

（2）影像重投影和重采样。在"ArcToolbox"中选择"数据管理工具"→"投影和变换"→"栅格"→"投影栅格"，在弹出的"投影栅格"面板中，"输入栅格"选择"China_F121995"，"输出坐标系"设置"Asia_Lambert_Conformal_Conic"，"输出像元大小（可选）"设置为"1000"，其余保持默认，如图 13.8，点击"确定"。同理，按此方法得到其他影像的重投影和重采样结果。

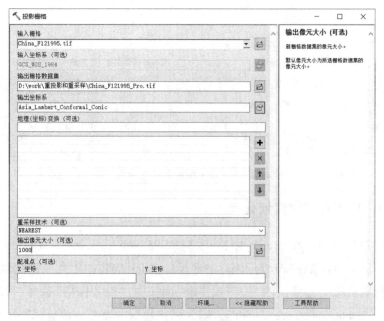

图 13.8　投影栅格

（3）研究区域裁剪。在"ArcToolbox"中选择"Spatial Analyst 工具"→"提取分析"→"按掩膜提取"。在弹出的"按掩膜提取"面板中，"输入栅格"选择"China_F121995_Pro.tif"，"输入栅格数据或要素掩膜数据"选择"遵义市边界.shp"，"输出栅格"设置"ZY_F121995"，点击"确定"，如图 13.9。同理，按此方法得到其他影像的裁剪结果。

（4）相互校正。在"ArcToolbox"中选择"Spatial Analyst 工具"→"地图代数"→"栅格计算器"。在弹出的"栅格计算器"面板的表达式输入处，根据式（13.2）及表 13.1 的参数，输入遵义市 1995 年夜光遥感影像的校正公式：$0.034 * Power("ZY\_F121995", 2) + 0.513 * "ZY\_F121995" + 0.485$，点击"确定"，如图 13.10。同理，按此方法得到其他影像的相互校正结果。

图 13.9　遵义市研究区域裁剪

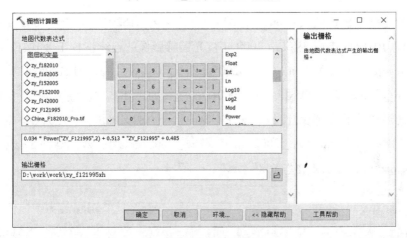

图 13.10　影像相互校正

（5）传感器校正。在"ArcToolbox"中选择"Spatial Analyst 工具"→"地图代数"→"栅格计算器"。在弹出的"栅格计算器"面板中的表达式输入处，根据式（13.3），输入遵义市 2000 年夜光遥感影像的不同传感器的校正公式：Con（（"zy_f142000xh"! = 0）&（"zy_f152000xh"! = 0），（"zy_f142000xh" + "zy_f152000xh"）/2,0），点击"确定"，如图 13.11。同理，按此方法得到 2005 年的相互校正结果。

（6）连续性校正。在"ArcToolbox"中选择"Spatial Analyst 工具"→"地图代数"→"栅格计算器"。在弹出的"栅格计算器"面板中的表达式输入处，根据式（13.4），输入遵义市 1995 年夜光遥感影像的连续性校正公式：Con（"zy_f121995xh" <=0,0,"zy_f121995xh"），如图 13.12。输入遵义市 2010 年夜光遥感

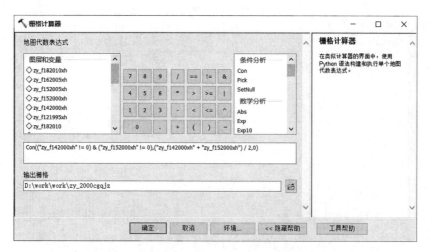

图 13.11　影像传感器校正

影像的连续性校正公式:Con("zy_2005cgqjz" > "zy_f182010xh","zy_2005cgqjz","zy_f182010xh")。输入遵义市 2000 年夜光遥感影像的连续性校正公式:Con("zy_2005cgqjz" == 0,0,Con(("zy_2005cgqjz" > 0) & ("zy_f121995xh" > "zy_2000cgqjz"),"zy_f121995xh","zy_2000cgqjz")),如图 13.13。输入遵义市 2005 年夜光遥感影像的连续性校正公式:Con("zy_f182010xh" == 0,0,Con(("zy_f182010xh" > 0) & ("zy_2000cgqjz" > "zy_2005cgqjz"),"zy_2000cgqjz","zy_2005cgqjz"))。最后点击"确定"。

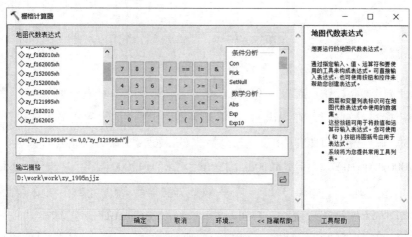

图 13.12　遵义市 1995 年连续性校正

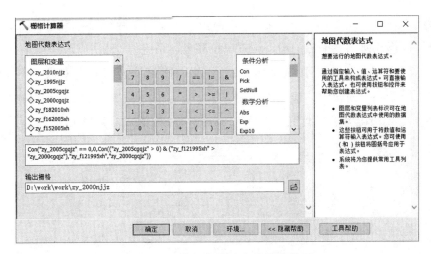

图 13.13 遵义市 2000 年连续性校正

13.6.3 夜间灯光指数构建

（1）在 ArcGIS 中打开"zy_2010njjz"和"遵义市边界"，在"ArcToolbox"中选择"Spatial Analyst 工具"→"区域分析"→"以表格显示分区统计"。在弹出的"以表格显示分区统计"面板中，"输入栅格数据或要素区域数据"选择"遵义市边界"，"区域字段"选择"Name"，"输入赋值栅格"选择"zy_2010njjz"，"输出表"设置输出路径及文件名"ZonalSt_zy2010"，"统计类型（可选）"选择"All"，点击"确定"，如图 13.14。

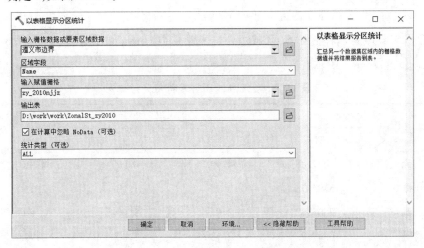

图 13.14 以表格显示分区统计

（2）在"内容列表"中右击"遵义市边界"→"打开属性表"。在弹出的面板中点击"选择"→"添加字段",名称为"面积",类型为"浮点型"。再右击该字段选择"计算几何",在弹出的窗口设置单位和坐标系。

(3)在"ArcToolbox"中选择"转换工具"→"Excel"→"表转 Excel"。在弹出的"表转 Excel"面板中,"输入表"选择"ZonalSt_zy2010","输出 Excel 文件"选择"遵义市 2010 年夜间灯光指数.xls",点击"确定",如图 13.15 所示。

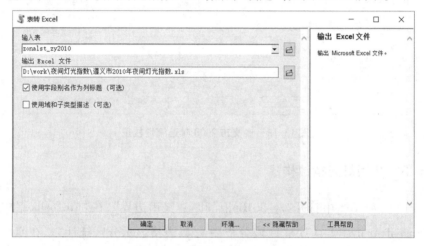

图 13.15　表转 Excel

(4)在 Excel 软件中打开"遵义市 2010 年夜间灯光指数.xls",将遵义市各县级地区的面积统计到对应位置,根据式(13.5)(13.6)(13.7)和(13.8),得到灯光像元属性值与相应的个数之积的夜间照明总强度(Total Night-time Light, TNL)和夜间照明总强度占最大照明强度百分比的平均相对灯光强度 I、区域照明面积与县域总面积之比 S、区域综合灯光指数(Compounded Night Light Index, CNLI),如表 13.3 所示。

表 13.3　遵义市 2010 年夜间灯光指数

县市	2010 年			
	TNL	I	S	CNLI
红花岗区	7091.08	4.99	0.99	4.96
汇川区	5795.78	3.75	1.00	3.75
遵义县	7505.32	2.95	1.00	2.96
桐梓县	6947.24	2.13	1.00	2.13
绥阳县	4524.23	1.74	1.00	1.74

续表13.3

县市	2010 年			
	TNL	I	S	CNLI
正安县	4385.09	1.68	1.00	1.68
道真县	3684.25	1.69	1.00	1.69
务川县	4763.46	1.69	1.00	1.69
凤冈县	3308.80	1.71	1.00	1.71
湄潭县	3612.05	1.89	1.00	1.90
余庆县	3463.73	2.08	1.00	2.08
习水县	5602.28	1.80	1.00	1.80
赤水市	3115.38	1.65	1.00	1.64
仁怀市	5068.06	2.78	1.00	2.77

13.6.4　相关性分析

（1）在 Excel 软件中打开"遵义市 2010 年夜间灯光指数"和"2010 年遵义市各县市 GDP 统计数据"，将两个表的数据放在同一个表中，如图 13.16 所示。

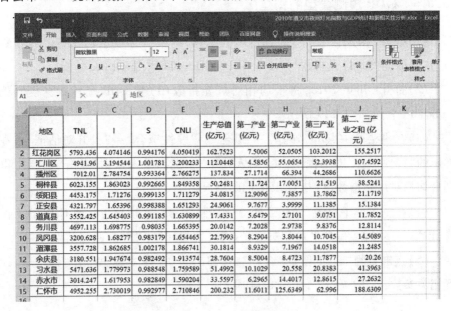

图 13.16　**数据显示**

（2）选择 5×6 的空白区域进行相关性分析，在 M5 中输入公式：=PEAR-SON（B2：B15，F2：F15），表示的是夜间灯光指数 TNL 与生产总值（亿元）的相关性分析。其余按同样方法进行相关性分析，最后得到的结果如表 13.4 所示。

表 13.4　夜间灯光指数与 GDP 数据的 Pearson 系数

GDP$_i$	夜间灯光指数			
	TNL	I	S	CNLI
GDP	0.64	0.79	−0.40	0.79
GDP$_1$	0.53	0.06	0.27	0.06
GDP$_2$	0.50	0.60	−0.32	0.60
GDP$_3$	0.66	0.95	−0.53	0.95
GDP$_{23}$	0.61	0.81	−0.44	0.81

（3）由上表可以直观地看出，夜间照明总强度（TNL）和区域照明面积与县域总面积之比 S 与各 GDP 的相关性都不高，综合平均相对灯光强度 I 和区域综合灯光指数（CNLI）与各 GDP 的比较，I 较好一些。并且可以看到平均相对灯光指数（I）与 GDP$_1$ 的相关性不高，但与 GDP、GDP$_2$、GDP$_3$、GDP$_{23}$ 的相关性较高。

13.6.5　GDP 预测模型的构建

（1）根据"相关性分析"部分得出的结论，本实验选取平均相对灯光指数（I）这一最佳夜间灯光指数与 GDP、GDP$_2$、GDP$_3$、GDP$_{23}$ 进行回归分析。

（2）打开 Origin 2018，将平均相对灯光指数（I）和 GDP 统计数据复制到"Sheet 1"中，如图 13.17 所示。

（3）在主菜单中点击"分析"→"拟合"→"线性拟合"→"打开对话框"。在弹出的"线性拟合"对话框中，在"输入数据"中选择导入数据，点击"确定"，得到平均相对灯光指数（I）与 GDP 的回归结果。

（4）在主菜单中点击"新建工作簿"，新建相对灯光指数与其他 GDP 的工作簿，重复上述操作，得到平均相对灯光指数（I）与其他 GDP 的回归结果。

（5）点击右侧排列的图标"合并"，在弹出的"合并图表（W）"对话框中，设置相关参数，点击"确定"，如图 13.18 所示。

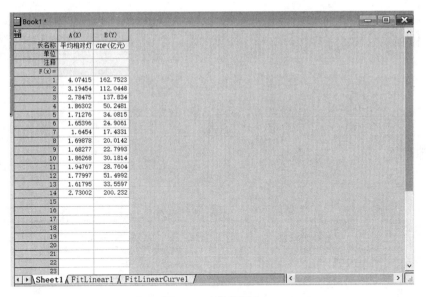

图 13.17　数据导入

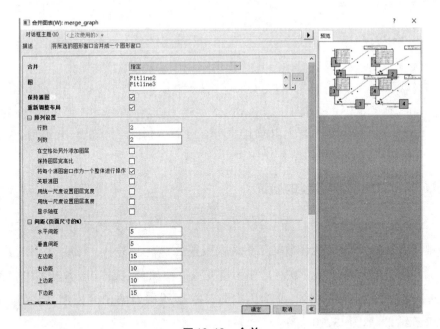

图 13.18　合并

（6）点击左侧排列的图标"文本"，根据斜率和截距得到回归方程，如图13.19 所示。

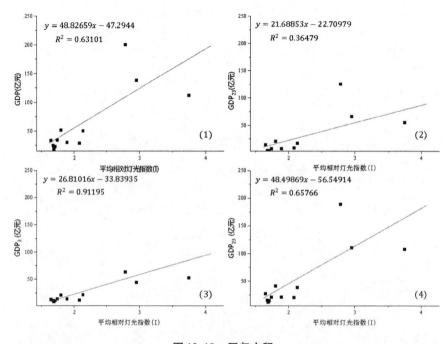

图 13.19　回归方程

（1）GDP 与平均相对灯光指数（I）的回归结果；（2）GDP$_2$ 与平均相对灯光指数（I）的回归结果；
（3）GDP$_3$ 与平均相对灯光指数（I）的回归结果；（4）GDP$_{23}$与平均相对灯光指数（I）的回归结果。

13.6.6　GDP 预测模型的验证

（1）在 Excel 软件中打开"2012 年遵义市各县市 GDP 统计数据"和"2014 年遵义市各县市 GDP 统计数据"，将两个表整合到一个表中。在每个工作簿中添加一列平均相对灯光指数（I），作为自变量。添加"预测 GDP、预测 GDP$_2$、预测 GDP$_3$ 和预测 GDP$_{23}$"列，作为因变量。根据所构建的预测模型，得到预测 GDP 等结果，如图 13.20 所示。

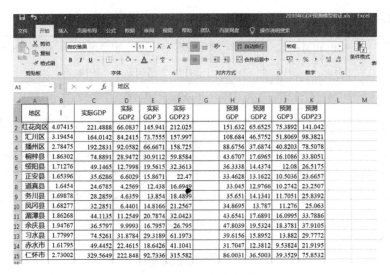

图 13.20　GDP 预测结果

（2）在每个工作簿中添加"GDP 相对误差、GDP_2 相对误差、GDP_3 相对误差和 GDP_{23} 相对误差"四列，根据式（13.11）得到各 GDP 相对误差结果，如表 13.5。

表 13.5　遵义市各产业预测值与实际值相对误差（%）

县市	GDP 相对误差		GDP_2 相对误差		GDP_3 相对误差		GDP_{23} 相对误差	
	2012	2014	2012	2014	2012	2014	2012	2014
红花岗区	0.32	0.36	0.01	0.10	0.48	0.49	0.33	0.36
汇川区	0.34	0.40	0.45	0.48	0.30	0.36	0.38	0.42
遵义县	0.54	0.64	0.59	0.69	0.39	0.48	0.51	0.60
桐梓县	0.42	0.49	0.39	0.48	0.48	0.46	0.44	0.47
绥阳县	0.26	0.47	0.13	0.26	0.38	0.52	0.18	0.41
正安县	0.06	0.42	0.99	0.02	0.34	0.59	0.05	0.39
道真县	0.34	0.12	2.05	0.85	0.17	0.39	0.39	0.03
务川县	0.26	0.17	2.05	0.66	0.16	0.39	0.40	0.07
凤冈县	0.08	0.28	1.14	0.20	0.24	0.43	0.18	0.20
湄潭县	0.01	0.30	0.57	0.01	0.23	0.40	0.05	0.24
余庆县	0.31	0.07	0.95	0.37	0.09	0.04	0.41	0.19
习水县	0.47	0.62	0.50	0.67	0.53	0.62	0.51	0.65

续表 13.5

县市	GDP 相对误差		GDP$_2$ 相对误差		GDP$_3$ 相对误差		GDP$_{23}$相对误差	
	2012	2014	2012	2014	2012	2014	2012	2014
赤水市	0.36	0.52	0.45	0.59	0.49	0.60	0.47	0.59
仁怀市	0.74	0.79	0.84	0.87	0.58	0.63	0.76	0.80
平均	0.32	0.40	0.79	0.45	0.35	0.46	0.36	0.39

(3)从表中可以直观地看出,GDP 预测结果与实际统计数据的平均相对误差最小,说明本实验构建的模型可行,同时证明了 DMSP/OLS 夜间灯光数据预测 GDP 统计值是较为可行的,且预测精度较高。

13.7 练习题

(1)根据土地利用与土地覆盖数据"Zy_2020LC_Clip",统计 2020 年土地覆盖类型的面积,并制作土地利用转移矩阵。

(2)根据夜光遥感数据"zy_2005mask",计算遵义市 2005 年夜间灯光指数,并分析各夜间灯光指数与 2005 年 GDP 统计数据的相关性。

(3)根据练习(2)的结果,选取最佳夜间灯光指数与 2005 年的 GDP 统计数据进行回归分析,构建 GDP 预测模型。

13.8 实验报告

(1)根据练习题(1)的统计结果,完成表 13.6。

表 13.6 2020 年各类地物面积统计结果

土地利用类型	2020 年	
	面积(km^2)	比例(%)
耕地		
林地		
草地		
灌木地		
湿地		
水体		
人造地表		

（2）根据练习题（2）的统计结果，完成表 13.7。

表 13.7 夜间灯光指数与 GDP 数据的 Pearson 系数

GDP$_i$	夜间灯光指数			
	TNL	I	S	CNLI
GDP				
GDP$_1$				
GDP$_2$				
GDP$_3$				
GDP$_{23}$				

（3）在 ArcGIS 中制作 2000 年、2010 年和 2020 年遵义土地覆盖类型专题图。

13.9 思考题

（1）分析土地覆盖动态变化的方法有哪些？

（2）除了本实验提到的 DMSP/OLS 夜光遥感数据，还有 NPP/VIIRS 夜光遥感数据，如何使用它进行类似的分析？

（3）对于模型验证，除了本实验提到的方法，还有哪些方法？

实验 14 基于土地利用及夜光遥感数据的延安市宝塔区经济发展研究

14.1 实验要求

根据实验提供的夜光遥感影像数据,完成下列分析:

(1)投影转换与重采样、裁剪等预处理步骤。

(2)相互校正、饱和校正、年内融合和年际间校正等校正处理。

(3)灯光指数的统计与计算。

14.2 实验目标

(1)熟悉夜光数据及其数据处理的基本方法。

(2)体会夜光数据在经济活动中发挥的重要作用。

14.3 实验软件

ArcGIS 10.8、ArcGIS Pro 2.5、Excel。

14.4 实验区域与数据

14.4.1 实验数据

"原始数据"文件夹:

"DMSP_OLS"文件夹:1992 年、1997 年、2002 年、2007 年、2012 年的 DMSP/OLS 数据,其中 1997 年、2002 年、2007 年的数据包含两个不同卫星的遥感影像数据。

"矢量数据"文件夹:研究区域 shapefile 文件。

"GlobeLand 30"文件夹:2000 年、2010 年、2020 年 N45 39 区域的土地覆盖类型,以及色彩映射表文件。

"过程数据"文件夹:

"夜间灯光数据重投影重采样"文件夹:研究区域 shapefile 文件重投影后的文件,以及 DMSP/OLS 数据重投影与重采样后的文件。

"裁剪后的数据"文件夹:裁剪后的夜光数据与土地利用数据。

"夜间灯光数据校正处理"文件夹:经过相互校正和饱和校正、年内融合、年际间校正后的 DMSP/OLS 数据。

"灯光指数的统计与计算"文件夹:

"灯光区域"文件夹:提取区域照明面积的数据以及统计的 Excel 表。

"St"文件夹:校正处理后的夜光数据统计 Excel 表。

"分析"文件夹:宝塔区 1992—2017 年的 GDP 数据,以及灯光指数、GDP 与灯光指数相关系数的汇总表。

14.4.2 实验区域

宝塔区位于陕西省北部延安市内,1996 年 12 月,延安地区撤地设市,原延安市改称宝塔区。延安是全国爱国主义、革命传统和延安精神三大教育基地。

14.5 实验原理与分析

人类在地球上的生产活动会产生光亮,如夜间灯光照明、石油天然气燃烧、海上渔船灯光、森林火灾以及火山爆发等。夜光遥感就是利用遥感技术从太空观察夜间地球的光芒,提供以人类活动为中心的独特视角,能够直接揭示地表人类活动的潜在规律。本实验以夜光遥感的角度研究宝塔区的经济发展状况。

National Polar – orbiting Partnership (NPP)卫星于 2011 年 10 月 28 日发射,携带有可见光/红外光影像辐射仪(Visible Infrared Imaging Radiometer Suite, VI-IRS)。2012 年 1 月,NPP 以美国著名科学家、卫星气象学之父 Verner E. Suomi 教授的名字重新命名为 SUOMI。NPP/VIIRS 数据存在因低辐射检测造成的背景噪声,这些含有背景噪声的像元 DN 值是负值,需对其进行背景去噪,将负值替换为 0 值。

DMSP(Defense Meteorological Satellite Program)是美国国防气象卫星计划。该项目通过气象卫星搭载的传感器,探测出夜间的低强度灯光。DMSP/OLS 数据的灰度值范围为 0 ~ 63。在稳定夜间灯光影像中,部分区域的影像像元存在饱和效应。饱和效应即灯光影像的饱和效应,指夜间灯光影像受 OLS 传感器高光敏的影响,对夜间灯光强度较高的区域探测能力有限,灯光亮度较高的区域影像 DN 值与该地区的实际发展状况不符,且像元值达到 63 以后不再增大的情况,需经过相互校正和饱和校正。本实验采用幂数方程,所用校正参数来自曹子阳等人的论文《DMSP/OLS 夜间灯光影像中国区域的校正及应用》。其公式为:

$$DN_{cal} = a \times DN^b. \tag{14.1}$$

式中:DN 表示待校正影像中的像元 DN 值;DN_{cal} 表示校正后的像元 DN 值;a 和 b 为幂数回归得到的不同参数。

表 14.1　相互校正与饱和校正参数

卫星及年份	a	b
F101992	0.6044	1.3244
F121997	0.7561	1.2646
F141997	1.3708	1.1824
F142002	0.9894	1.1583
F152002	0.5923	1.2795
F152007	1.1421	1.1297
F162007	0.7314	1.2132
F182012	0.4821	1.1866

Average Visible, Stable Lights, & Cloud Free Coverages						
Year\Sat.	F10	F12	F14	F15	F16	F18
1992	F101992	-------	-------	-------	-------	-------
1993	F101993	-------	-------	-------	-------	-------
1994	F101994	F121994	-------	-------	-------	-------
1995	-------	F121995	-------	-------	-------	-------
1996	-------	F121996	-------	-------	-------	-------
1997	-------	F121997	F141997	-------	-------	-------
1998	-------	F121998	F141998	-------	-------	-------
1999	-------	F121999	F141999	-------	-------	-------
2000	-------	-------	F142000	F152000	-------	-------
2001	-------	-------	F142001	F152001	-------	-------
2002	-------	-------	F142002	F152002	-------	-------
2003	-------	-------	F142003	F152003	-------	-------
2004	-------	-------	-------	F152004	F162004	-------
2005	-------	-------	-------	F152005	F162005	-------
2006	-------	-------	-------	F152006	F162006	-------
2007	-------	-------	-------	F152007	F162007	-------
2008	-------	-------	-------	-------	F162008	-------
2009	-------	-------	-------	-------	F162009	-------
2010	-------	-------	-------	-------	-------	F182010
2011	-------	-------	-------	-------	-------	F182011
2012	-------	-------	-------	-------	-------	F182012
2013	-------	-------	-------	-------	-------	F182013

图 14.1　选择使用的 DMSP/OLS 数据

由于不同的卫星传感器本身就存在差异,且传感器获取影像时会受到各种因素的影响,随着时间的推移,传感器老化,性能减弱,不同卫星获取的同一年份的影像会有差别,需进行影像间相互校正。所用公式如下:

$$DN_{(n,i)} = \begin{cases} 0 & DN_{(n,i)}^a = 0 \text{ 且 } DN_{(n,i)}^b = 0 \\ \dfrac{DN_{(n,i)}^a + DN_{(n,i)}^b}{2} & \text{其他} \end{cases} \quad . \quad (n = 1997, 2002,$$

2007) (14.2)

式中:$DN_{(n,i)}^a$,$DN_{(n,i)}^b$分别表示第 n 年相互校正后的两个不同传感器获取的夜间灯光影像中 i 像元的 DN 值;$DN_{(n,i)}$ 表示校正后的第 n 年影像中 i 像元的 DN 值。

影像数据集的相互校正和不同传感器同一年份影像的年内融合,均未解决多传感器获取不同年度影像间的像元 DN 值异常波动的问题,因此,需对多传感器获取的不同年份影像数据进行校正。校正依据如下:

(1)当后一年影像中的像元 DN 值等于 0 时,前一年的影像中相同位置的像元 DN 也应该等于 0;

(2)当后一年影像中的像元 DN 值不等于 0 时,前一年影像中的像元 DN 值应不大于后一年影像中相同位置的像元 DN 值。

校正公式为:

$$DN_{(n-5,i)} = \begin{cases} 0 & DN_{(n+5,i)} = 0 \\ DN_{(n-5,i)} & DN_{(n+5,i)} > 0 \text{ 且 } DN_{(n-5,i)} > DN_{(n,i)} \\ DN_{(n,i)} & \text{其他} \end{cases} \quad . \quad (n = 1992,$$

1997,2002,2007,2012) (14.3)

式中,$DN_{(n-1,i)}$,$DN_{(n,i)}$,$DN_{(n+1,i)}$分别表示第 $n-1$ 年、第 n 年和第 $n+1$ 年经相互校正和多传感器获取的同一年份影像间校正后的夜间灯光影像 i 像元的 DN 值。

在利用夜光数据对某一地区经济情况进行研究时,我们要使用一些夜间灯光指数,包括夜间照明总强度(Total Night-time Light,TNL)、平均相对灯光强度 I、区域照明面积与县域总面积之比 S、区域综合灯光指数(Compounded Night Light Index,CNLI,为平均灯光强度与灯光面积的乘积)。这些灯光指数的公式分别为:

$$TNL = \sum_{i=DN_{min}}^{DN_{max}} (DN_i \times n_i).\qquad(14.4)$$

$$I = \frac{TNL}{(DN_{max} \times N_L)}.\qquad(14.5)$$

$$S = \frac{Area_N}{Area}.\qquad(14.6)$$

$$CNLI = I \times S.\qquad(14.7)$$

式中,DN_i 表示区域内像元值为 i 的像元,n_i 表示像元值为 i 的像元个数,N_L 和 $Area_N$ 分别表示区域内的像元总数以及像元占有总面积,Area 表示研究区域的总面积。

在 $S = \frac{Area_N}{Area}$ 公式中,$Area_N$ 为灯光区域,可通过设置一个阈值 α(大于 α 的定为灯光区域,小于 α 的定为无灯光区域),再求大于 α 的面积。α 在此可设置为1。

14.6 实验步骤

14.6.1 数据预处理

(1)投影转换与重采样

在 ArcMap 中点击 ✛,依次加载 DMSP/OLS 数据和宝塔区行政区数据,如图 14.2。

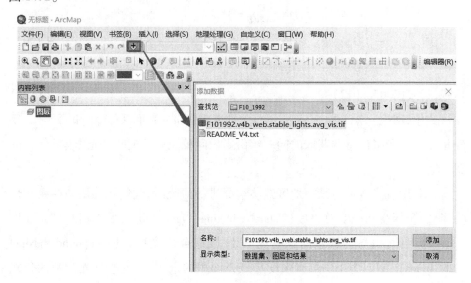

图 14.2 导入数据

点击 ![icon]打开"ArcToolbox",点击"数据管理工具"→"投影和变换"→"栅格"→"投影栅格"。在"输入栅格"中选择需要重投影与重采样的影像,设置"输出栅格数据集"(设置输出路径及文件名),"输出坐标系"选择兰勃特方位等积投影"North_Pole_Lambert_Azimuthal_Equal_Area","重采样技术"选择不改变输入栅格数据集中单元任何值的最邻近法"NEAREST","输出像元大小"的X、Y都设置为1000,点击"确定"对影像进行重投影与重采样,如图14.3、图14.4。

加载2000、2010、2020年的GlobeLand 30土地覆盖数据,进行投影栅格,同样选择兰勃特方位等积投影"North_Pole_Lambert_Azimuthal_Equal_Area",重采样技术为最邻近法"NEAREST","输出像元大小"默认。

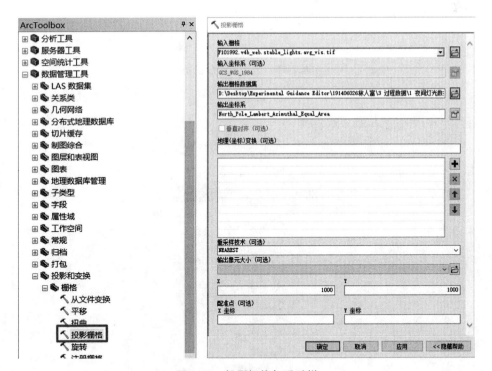

图14.3　投影栅格与重采样

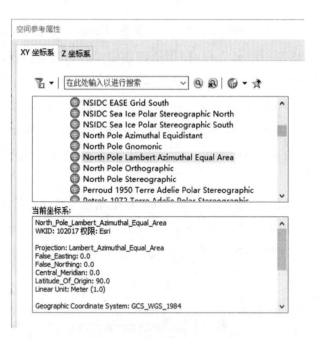

图 14.4　选择投影坐标系

重复上述步骤,对所有 DMSP/OLS 影像进行重投影与重采样。或者采用 ModelBuilder 进行批量处理。

对行政区矢量数据进行投影,转换为兰勃特方位等积投影"North_Pole_ Lambert_Azimuthal_Equal_Area",如图 14.5。

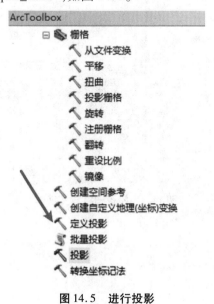

图 14.5　进行投影

（2）裁剪

打开"按掩膜提取"工具，即"Spatial Analyst 工具"→"提取分析"→"按掩膜提取"。在"输入栅格中"放入需要裁剪的 DMSP/OLS 数据，以及 GlobeLand 30 数据，"输入栅格数据或要素掩膜数据"中放入研究区域矢量文件，设置"输出栅格"，点击"确定"对影像进行裁剪，如图 14.6。

注意：此步骤完成后，GlobeLand 30 数据将丢失色彩映射表，所以需要将原来的色彩映射表导出，应用于裁剪后的 GlobeLand 30 数据。可在"GlobeLand 30"文件夹中找到色彩映射表文件。

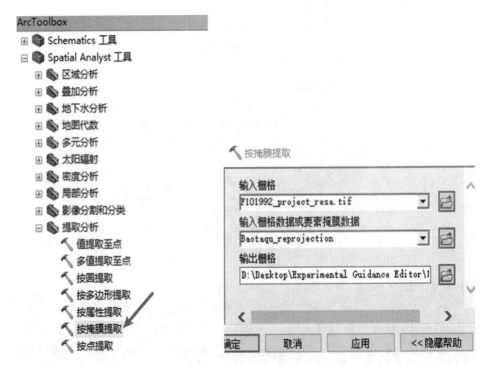

图 14.6　裁剪夜光影像

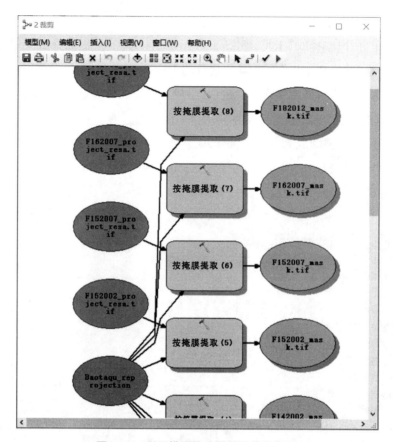

图 14.7　利用模型构建器批量裁剪数据

14.6.2　校正处理

（1）相互校正和饱和校正

根据式（14.1）和表 14.1 中的相互校正、饱和校正公式和校正参数，打开"栅格计算器"，输入公式：$a*Power(DN, b)$，其中 DN 表示数据的名称（在"图层和变量"中双击对应的数据即可），a 为幂函数系数，b 为次幂。a、b 两个系数在前文中均已交代，请根据不同数据输入对应的参数进行运算。点击"确定"进行相互校正和饱和校正，如图 14.8。

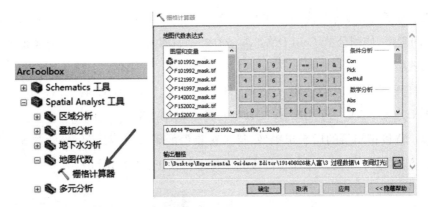

图 14.8 利用栅格计算器进行相互校正和饱和校正

(2)年内融合

注意:本次校正针对 1997、2002、2007 这三年的数据进行,有关公式请查看式(14.2)。

打开"栅格计算器",输入公式:$\mathrm{Con}((\mathrm{DN}^a_{(n,i)} != 0) \& (\mathrm{DN}^b_{(n,i)} != 0)$,$(\mathrm{DN}^a_{(n,i)} + \mathrm{DN}^b_{(n,i)})/2,0))$。其中 $\mathrm{DN}^a_{(n,i)}$ 和 $\mathrm{DN}^b_{(n,i)}$ 分别表示第 n 年相互校正和饱和校正后两个不同传感器获取的夜光影像中 i 像元的 DN 值。点击"确定",进行影像间相互校正,如图 14.9。

图 14.9 进行年内融合

(3)年际间校正

注意:本次校正是对 1992、1997、2002、2007、2012 年的数据进行校正。1992

年没有前 5 年的影像,使用公式 $\mathrm{Con}(\mathrm{DN}_{(n+5,i)}<=0,0,\mathrm{DN}_{(n,i)})$;2012 年没有后 5 年的影像,使用公式 $\mathrm{Con}(\mathrm{DN}_{(n-5,i)}>\mathrm{DN}_{(n,i)},\mathrm{DN}_{(n-5,i)},\mathrm{DN}_{(n,i)})$。有关原理请查看式(14.3)。

打开"栅格计算器",输入公式:$\mathrm{Con}(\mathrm{DN}_{(n+5,i)}==0,0,\mathrm{Con}((\mathrm{DN}_{(n+5,i)}>0)$ & $(\mathrm{DN}_{(n-5,i)}>\mathrm{DN}_{(n,i)}),\mathrm{DN}_{(n-5,i)},\mathrm{DN}_{(n,i)}))$。其中 $\mathrm{DN}_{(n+5,i)}$、$\mathrm{DN}_{(n,i)}$、$\mathrm{DN}_{(n-5,i)}$ 分别表示待校正年份的后 5 年影像、待校正年份的影像、待校正年份的前 5 年影像。点击"确定",对 5 个年份的夜光影像进行校正,如图 14.10。

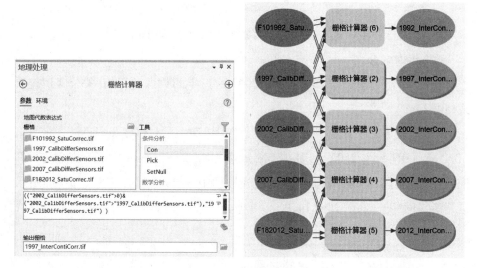

图 14.10　年际间校正

(左图为栅格计算器页面,右图通过模型构建器批量操作。两张图均在
ArcGIS Pro 2.5 中操作,在 ArcGIS 10.x 版本中同样能操作。)

14.6.3　灯光指数的统计与计算

(1)数据统计

打开"Spatial Analyst 工具"→"区域分析"→"以表格显示分区统计"。在"输入栅格数据或要素区域数据"中输入研究区域 shapefile 文件,在"输入赋值栅格"中输入经过校正处理的夜光数据,统计类型为"所有"(或"All"),设置好输出路径及文件名,点击"确定"进行统计,如图 14.11。此步骤得到的 AREA 为研究区域的面积,为 3542000000 平方米,如图 14.12 所示。

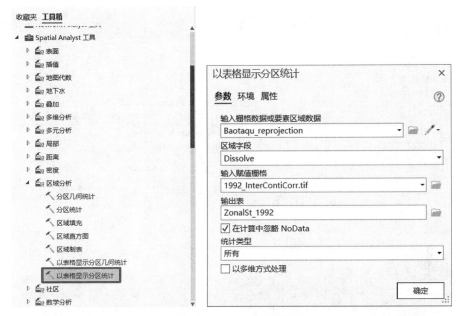

图 14.11　以表格显示分区统计(ArcGIS Pro 界面与 ArcGIS 10.x 界面类似)

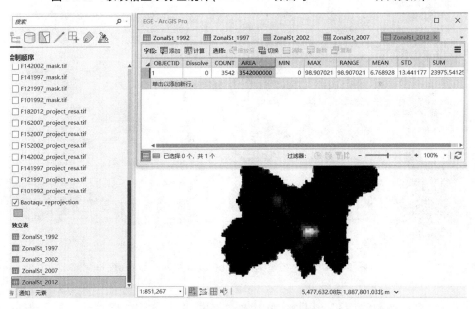

图 14.12　统计结果(ArcGIS Pro 界面)

　　将统计出的表转换为 Excel 格式。打开"转换工具"→"Excel"→"表转 Excel",在"输入表"中输入上一步得到的表,设置输出路径和文件名,点击"确定"导出 Excel 表,如图 14.13。

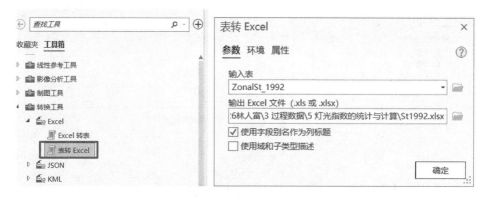

图 14.13　导出 Excel 表 (ArcGIS Pro 界面)

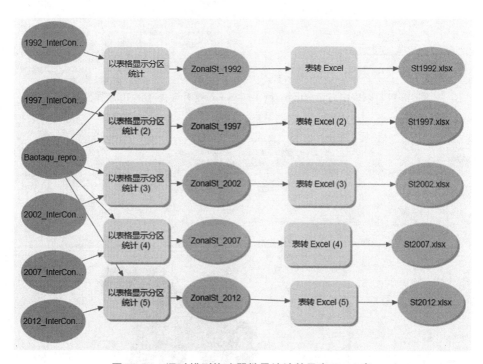

图 14.14　通过模型构建器批量统计并导出 Excel 表

　　计算区域照明面积。根据实验原理与分析部分,利用"栅格计算器",保留 DN 值大于 1 的区域作为灯光区域。公式为 $Con(DN_{corr} > 1, 1)$,其中 DN_{corr} 为校正后的影像。然后使用"以表格显示分区统计"和"表转 Excel"工具,将统计数据导出为 Excel 表,如图 14.15。

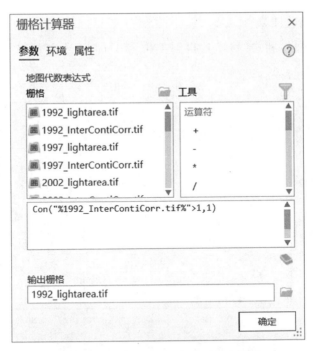

图 14.15 提取 DN 值大于 1 的灯光区域

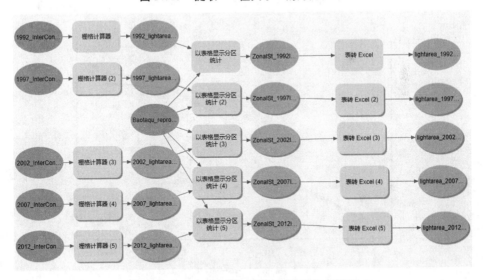

图 14.16 使用模型构建器批量统计灯光区域

求 GDP 与四个灯光指数的相关系数。在 Excel 中点击"公式"→"函数库"→"其他函数"→"统计"→"PEARSON"。PEARSON 函数包含两个参数,第一个参数选择 GDP 数据,第二个参数选择灯光指数。

（2）灯光指数计算

根据式（14.4）和式（14.5），得到 TNL 和 I，即 SUM 和 MEAN。通过 Excel 制作出图，如图 14.17。

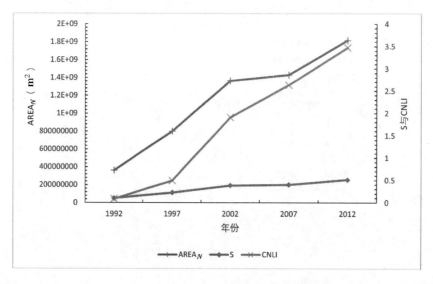

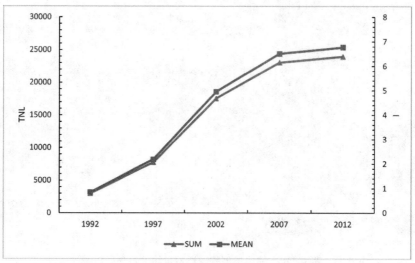

图 14.17　灯光指数与区域灯光面积的 5 年间隔变化

对上述步骤的统计数据进行汇总，计算区域照明面积与城市总面积之比 S 和区域综合灯光指数 CNLI，得到表 14.2。

表 14.2 筛选数据后的汇总结果

年份	I	TNL	$AREA_N$	S	CNLI
1992	0.84208985	2982.682249	362000000	0.102202	0.086063
1997	2.185163183	7739.847995	800000000	0.225861	0.493543
2002	4.951456294	17538.05819	1365000000	0.385375	1.90817
2007	6.509957558	23058.26967	1432000000	0.404291	2.63192
2012	6.768927514	23975.54125	1818000000	0.513269	3.474283

注:总面积为 3542000000 平方米。

14.7 驱动力分析

14.7.1 经济因素

从定性角度看,1992—2012 年每 5 年间隔的夜光不断增强,宝塔区 1992 年、1997 年的灯光亮区明显小于 2002 年、2007 年和 2012 年。1997—2002 年,宝塔区的灯光亮区向东北、西北与西南方向扩张,东北方向呈现狭长带状分布。2000—2020 年,宝塔区的发展向西北、东北、西南三个方向扩张,人造地表面积逐渐增加。地形是其中一个因素,三个方向都有河流经过,地势较低。

2003 年后,延安市宝塔区的 GDP 开始猛增(图 14.18),在 2009 年和 2016 年有所下降,形成两个低谷。四个灯光指数的增长与 GDP 的增长有较强的关联

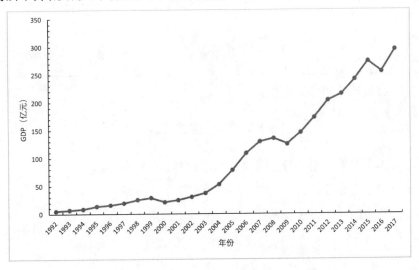

图 14.18 1992—2012 年宝塔区的 GDP 数据

性,它们之间的相关系数如表14.3所示。计算的灯光指数间接反映出一个地区的经济发展状况,也说明了夜光数据在社会经济研究中的作用。

表14.3 GDP与灯光指数的相关系数

相关系数	I	TNL	S	CNLI
GDP	0.850758737	0.850759	0.845896	0.920193

14.8 练习题

(1)根据实验内容,选择另一区域作为研究区域,对数据进行校正处理。

(2)根据实验内容,选取另一个研究区域,统计出四个灯光指数。

(3)根据校正后的夜光数据,制作一幅美观的地图。

14.9 实验报告

(1)根据练习题(2),完成表14.4。

表14.4 各年份的灯光指数

年份	平均相对灯光强度 I	夜间照明总强度 TNL	区域照明面积 $AREA_N$	区域照明面积与城市总面积之比 S	区域综合灯光指数 CNLI
1992					
1997					
2002					
2007					
2012					

(2)根据练习题(3)制作图。

14.10 思考题

(1)本实验的数据处理过程稍微烦琐,如何更便捷地处理?

(2)对于夜光数据,你还能想到哪些应用?

(3)确定阈值的方法有哪些?

实验 15 长三角城市群 2014—2018 年城市首位度指数变化分析

15.1 实验要求

根据长三角 26 市的夜光遥感影像数据,完成下列分析:

(1)用夜光遥感数据运用二分迭代法,获取每个年份的阈值。借助 ArcGIS 软件,对各个地级市卫星遥感影像图进行对比,获取各个地级市的用地规模。

(2)利用获取的各地级市用地规模进行城市首位度指数分析。

15.2 实验目标

(1)掌握夜间灯光数据预处理及提取城市规模的方法。

(2)掌握城市首位度指数及位序—规模法则分析方法。

15.3 实验软件

ENVI 5.3、ArcGIS 10.8、Excel。

15.4 实验区域与数据

15.4.1 实验数据

"原始数据"文件夹:2013—2019 年亚洲地区 NPP/VIIRS 夜间灯光遥感月合成数据。

"裁剪后的数据"→"年平均"文件夹:长三角 26 市边界矢量数据。

"2013":长三角 26 市 2013 年年平均夜光遥感影像。

"2014":长三角 26 市 2014 年年平均夜光遥感影像。

"2015":长三角 26 市 2015 年年平均夜光遥感影像。

"2016":长三角 26 市 2016 年年平均夜光遥感影像。

"2017":长三角 26 市 2017 年年平均夜光遥感影像。

"2018"：长三角 26 市 2018 年年平均夜光遥感影像。

"2019"：长三角 26 市 2019 年年平均夜光遥感影像。

"过程数据"文件夹：夜间灯光数据重投影。

"辅助数据"→"长江 26 市"文件夹：长三角 26 市边界矢量数据。

"辅助数据"→"中国边界"文件夹：中国边界矢量数据。

15.4.2 实验区域

长三角的区域概念源自长江入海口形成的冲积平原——长江三角洲这一自然地理上的专有名词。长三角作为经济意义上的区域概念最早形成于 1982 年,当年国务院下达通知正式成立上海经济区。其范围包括上海、无锡、苏州和杭州等 10 个城市。1997 年,长三角城市经济协调会正式提出长三角经济圈的概念,将长三角的空间范围扩大至上海及周边的 15 个城市。长三角作为我国社会经济发展水平最高的区域之一,以丰富的资源支撑吸引其他城市纷纷申请加入。

15.5 实验原理与分析

卫星夜间灯光数据在反映人类社会活动方面,因具有客观性、容易获取、应用范围广而备受关注,诸多学者利用该数据挖掘出不同领域的应用。而对城市群的分析主要以土地利用得到的城市规模进行研究,而本实验通过夜间灯光数据进行城市首位度分析。

【实验要求 1】对夜间灯光数据进行预处理。本实验选用的夜间灯光数据为 NPP/VIIRS,其预处理一般包括研究区域裁剪、影像降噪、年合成、重投影和重采样。由于本实验需要统计面积,因此还需要重投影成等积投影。

【实验要求 2】通过夜间照明总强度(TNL),运用二分迭代法获取每个年份的阈值。借助 ArcGIS 软件,对各个地级市卫星遥感影像图进行对比,获取各个地级市的用地规模。

【实验要求 3】计算城市首位度指数和位序 – 规模法则。城市首位度指数在一定程度上可以代表城市群中的城市发展条件在最大城市的聚集程度。引入城市首位度指数中的 2 城市指数(S_2)和 4 城市指数(S_4)分析长三角城市群中城市用地规模在首位城市中的聚集程度。其中,2 城市指数是指最大城市规

模与第 2 位城市规模的比值,4 城市指数是指最大城市规模与第 2、第 3、第 4 位城市规模之和的比值。公式如下:

$$S_2 = P_1/P_2. \qquad (15.1)$$

$$S_4 = P_1/(P_2 + P_3 + P_4). \qquad (15.2)$$

式中:P_1,P_2,P_3,P_4 分别指城市用地规模从大到小排序后的第 1、第 2、第 3、第 4 位城市的规模。当处于理想情况时,第 2 位城市规模是最大城市规模的 1/2,第 3 位城市规模是最大城市规模的 1/3,第 4 位城市规模是最大城市规模的 1/4。一般情况下,2 城市指数的理想值为 2,4 城市指数的理想值为 1,此时首位城市所发挥的辐射影响趋近于理想状态。

位序—规模法则最早由德国经济学家 Auerbach(1913)提出,随后一些学者对这一理论进行了完善与修订,城市位序—规模法则的公式为:

$$\lg P_i = \lg P_1 - q \times \lg R_i. \qquad (15.3)$$

式中:P_i 为第 i 个城市的用地规模;$\lg P_i$ 为最大用地规模城市的用地规模;R_i 为按照用地规模排列的第 i 个城市的用地规模;q 为捷夫系数。若 $|q| \approx 1$,说明城市规模分布差异较小;若 $|q| > 1$,说明大城市发育较好且规模集中,中小城市发育欠佳,城市规模首位度较高;若 $|q| < 1$,说明城市规模分布较分散,高位次城市规模不突出,中小城市发育较好。对 $|q|$ 值进行时序动态分析,若 $|q|$ 增大,说明城市规模分布集中力大于分散力;若 $|q|$ 减小,说明集中力小于分散力。

15.6　实验步骤

15.6.1　夜间灯光数据预处理

(1)影像选择。在 ENVI 中打开"2013"文件夹中后缀为 avg_rade9h 的 12 景影像和长江入海口 26 市矢量文件,观察各影像在研究区域是否缺失,如果缺失则去除该影像。NPP-VIIRS 夜间灯光遥感月合成数据在校正过程中若存在缺失研究区域 DN 值的情况,则这些数据不能使用。

(2)影像裁剪。在 ENVI 工具箱中点击"Toolbox"→"Regions of Interest"→"Subset Data from ROIs"打开裁剪工具。"输入数据"选择"SVDNB_npp_20131201-20131231_75N060E_vcmcfg_v10_c201605131341. avg_rade9h. tif","裁剪范围"选择长江入海口 26 市矢量文件,其他设置如图 15.1,对所有影像进行裁剪。

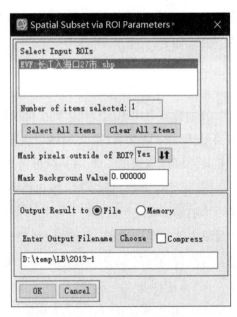

图 15.1　影像裁剪

（3）影像降噪。在 ENVI 工具箱中点击"Toolbox"→"Band Algebra"→
"Band Math"打开波段运算器。在"Enter an expression"中输入：(b1 lt 0) * (0)
+(b1 gt 0) * b1，点击"Add to List"添加公式，如图 15.2。选择对应波段，点击
"Choose"选择保存路径，其他设置如图 15.3。按照同样的方法对其他年份进行
降噪。

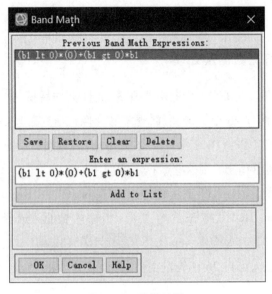

图 15.2　波段计算

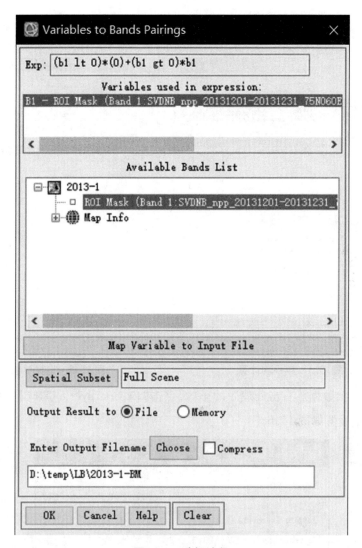

图15.3　选择波段

（4）年平均合成。在 ENVI 工具箱中点击"Toolbox"→"Band Algebra"→"Band Math"打开波段运算器。在"Enter an expression"中输入：$(b1 + b2 + b3 + b4 + b5 + b6 + b7 + b8 + b9 + b10 + b11 + b12)/12$，点击"Add to List"添加公式，如图15.4。选择对应月份波段，点击"Choose"选择保存路径，其他设置如图15.5。按照同样的方法对各年份的影像进行年平均合成，要注意该年份实际可用的月份数据输入公式，上述公式仅用于 2013 年的数据。

图 15.4　年平均计算　　　　　　　　图 15.5　选择波段

（5）导出数据。右击处理后的影像，点击"Export Layer to TIFF"，选择保存路径，其他设置如图 15.6。

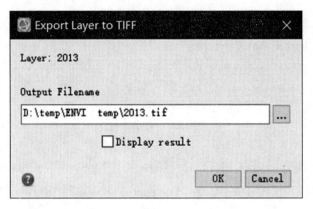

图 15.6　导出 tiff 格式的文件

15.6.2　提取城市规模

（1）投影转换。在 ArcGIS 中添加处理后的 2014 年平均 TIFF 影像和长江入海口 26 市矢量文件。在 ArcGIS 工具箱中点击"ArcToolbox"→"数据管理工具"→"投影和变换"→"栅格"→"投影栅格"。选择输入 2014 年的数据,点击右下图标,在弹出的窗口中选择 North Pole Lambert Azimuthal Equal Area 投影,如图 15.7。将长江入海口 26 市矢量文件投影成相同的投影。

图 15.7　重投影

(2)影像重分类。在 ArcGIS 工具箱中点击"ArcToolbox"→"Spatial Analyst 工具"→"重分类"。选择输入 2014 年的数据,点击"分类",在弹出的窗口中将"类别"改为两类,将"中断值"设为"10",如图 15.8。这里设定的中断值,是判断是否为城市的一个阈值。10 是通过与谷歌地球的影像进行目视对比选择的一个阈值,因此阈值可能不同。

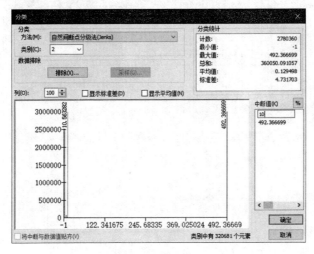

图 15.8　分类方法

（3）提取分析。在 ArcGIS 工具箱中点击"ArcToolbox"→"Spatial Analyst 工具"→"提取分析"→"按属性提取"。选择输入重分类后的 2014 年数据，点击查询图标，在弹出的窗口中输入如下公式：Value = 2，其他设置如图 15.9。

图 15.9　查询条件

（4）区域分析。在 ArcGIS 工具箱中点击"ArcToolbox"→"Spatial Analyst 工具"→"区域分析"→"以表格显示分区统计"。"输入栅格数据或要素区域数据"选择长江入海口 26 市的数据，"区域字段"选择"name_12_14"字段，选择输入提取出的结果数据，其他参数设置如图 15.10。

图 15.10　分区统计

（5）导出表格。打开得到的数据表，点击表选项图标，再点击"导出"，选择保存为文本文件，其他设置如图15.11。同理，将其他年份的表输出。

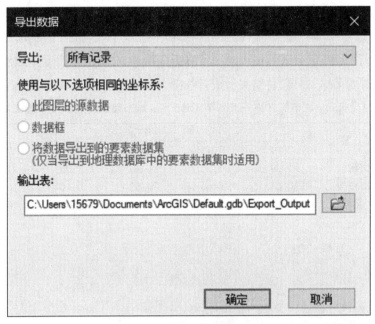

图15.11　导出表格

（6）制作夜间 DN 均值等级图。不经过重分类和提取分析直接进行区域分析得到表格的步骤是右击矢量数据"连接和关联"→"连接"，选择"name_13_14"字段连接生成的表格，设置如图15.12。选择SUM 字段进行显示，然后选择合适的出图布局出图。

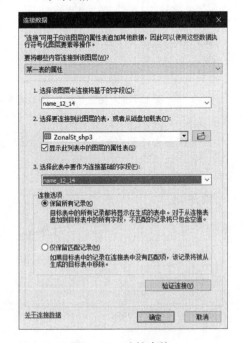

图15.12　连接表格

15.6.3 城市首位度指数和位序—规模法则计算

(1)导入表格数据,将表格中的城市规模(area)整理出来命名为"驱动力分析"。

(2)选中"area"那一列数据点击"排序"→"降序",勾选"扩展选定区域",点击"排序"。根据公式和城市规模计算出 2 城市、4 城市首位度指数和捷夫系数,计算结果如表 15.1,将结果做成折线图,如图 15.13、15.14、15.15。

表 15.1　长三角城市群 2014—2018 年 2 城市和 4 城市首位度指数、平均捷夫系数表

城市指数	年份				
	2014	2015	2016	2017	2018
2 城市指数	1.29	1.27	1.26	1.25	1.21
4 城市指数	0.64	0.65	0.63	0.60	0.58
捷夫系数	0.83	0.83	0.80	0.76	0.73

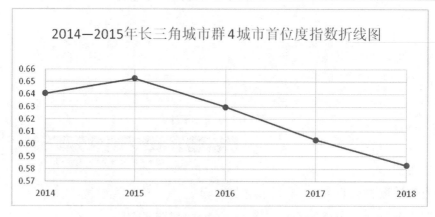

图 15.13　长三角城市群 4 城市首位度指数折线图

图 15.14　长三角城市群 2 城市首位度指数折线图

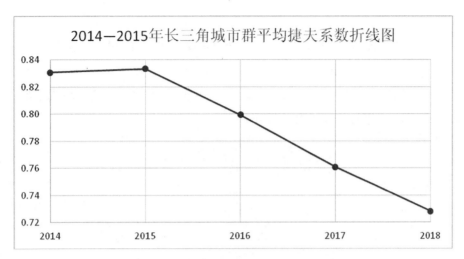

图 15.15 长三角城市群平均捷夫系数折线图

由图 15.13、15.14 可见：长三角城市群 2014—2018 年的 2 城市指数都在 2 以下，2014—2018 年呈现下降趋势，且总体呈现下降趋势，合计下降 5.79%；长三角城市群 2014—2018 年的 4 城市指数都在 1 以下，且总体呈现下降趋势，合计下降 8.37%。

从图 15.12、15.13、15.14、15.15 可以看出，上海的带动作用十分明显，但长三角城市群的城市用地规模的首位度指数明显低于理想情况下的理论值，长三角城市群的首位城市——上海的辐射带动作用仍需进一步加强。需要注意的是：从用地规模上看，上海在长三角城市群中的优势地位呈现出减弱趋势；长三角地区第二、第三、第四位序的城市用地规模的增大也符合国家提出的"一核五圈四带"网络化空间格局。

15.7 驱动力分析

15.7.1 人为因素

一个城市的面积是有限的，能用来开发的土地也是有限的，所以这里推测城市首位度和城市用地规模占总面积的比例有关。

（1）计算开发比例。首先计算出用地规模与行政面积之比，这里称之为开发比例。

（2）计算开发比例首位度。依照城市首位度的公式（15.1）计算开发比例首位度，即将开发比例排序，用开发比例最大的城市除以开发比例第二大的城市。

（3）相关性验证。将求出的开发比例首位度和城市首位度制成折线图。其中,比例首位度和城市首位度的相关性如图 15.16。由图 15.16 可知,当开发比例首位度不断提高,其用地规模增加速度不断减小,因此上海的用地规模增加量不断减小,城市首位度指数不断减小。

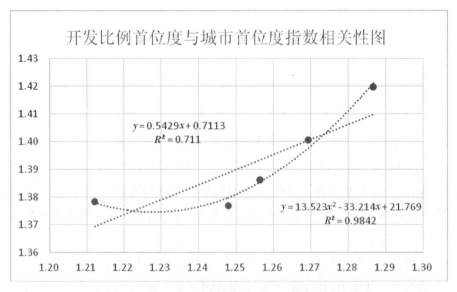

图 15.16　开发比例首位度与城市首位度指数相关性图

15.8　练习题

（1）根据 2013—2019 年 NPP/VIIRS 夜光遥感数据,提取长三角 26 市的规模。

（2）根据练习题（1）的结果,计算长三角 26 市的 2 城市首位度指数、4 城市首位度指数和捷夫系数。

15.9　实验报告

（1）根据公式对提取的城市用地规模进行计算,得到 2 城市首位度指数、4 城市首位度指数和捷夫系数,完成表 15.2。

表 15.2 长三角城市群 2014—2018 年 2 城市首位度指数、4 城市首位度指数、平均捷夫系数计算验证

城市指数	年份				
2 城市指数					
4 城市指数					
捷夫系数					

15.10 思考题

（1）夜间灯光数据预处理中的步骤顺序是否可以改变？

（2）在夜间灯光数据提取城市规模的步骤中，如何使提取的阈值选择更加准确？

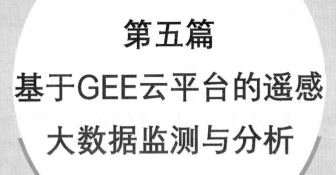

第五篇
基于GEE云平台的遥感
大数据监测与分析

实验 16 基于 GEE 云平台的近 30 年赣州城市扩展研究及驱动力分析

16.1 实验要求

基于 Google Earth Engine(GEE)处理平台,利用 1996 年至 2020 年的多时相 Landsat 卫星遥感数据,提取城市化扩展过程的时空变化信息,并进行驱动力分析。根据实验数据,完成下列分析:

(1)对比不同的城市用地提取方法,提取城市用地信息。

(2)引入扩展强度指数和扩展速率指数分析赣州城市化扩展变化特征。

(3)选取赣州市相应的社会经济统计数据,从人口、地区生产总值(GDP)、交通运输(客运总量)和宏观政策四个方面对城区扩展的驱动力进行综合分析。

16.2 实验目标

(1)掌握 GEE 处理 Landsat 系列影像的方法。

(2)掌握 GEE 计算建筑指数和土地利用监督分类的方法。

(3)掌握城市化扩展变化的分析方法以及驱动力分析方法。

16.3 实验软件

Google Earth Engine、Excel。

16.4 实验区域与数据

16.4.1 实验数据

"赣州边界"文件夹:ganzhou. shp 和 ganzhou_xian. shp。

"1997—2019 中国城市统计年鉴"文件夹:1997 年、2001 年、2005 年、2009 年、2014 年、2017 年、2019 年中国城市社会经济数据。

"变化检测"Excel 文件:研究结果图表。因样本选取的不一致,得出的结果数据也不一致,故图表数据仅做参考。详细操作可见 16.6.4 的内容。

代码:见附录 3。代码仅作为参考,详细操作见 16.6.1—16.6.3 的内容。

GEE 云端遥感数据:GEE 代码调用,遥感数据信息如表 16.1 所示。

表 16.1　遥感数据信息

卫星传感器	时相	影像集	空间分辨率
Landsat TM	1996	LANDSAT/LT05/C01/T1_SR	30 m × 30 m
Landsat ETM +	2000	LANDSAT/LE07/C01/T1_SR	30 m × 30 m
Landsat TM	2004	LANDSAT/LT05/C01/T1_SR	30 m × 30 m
Landsat TM	2008	LANDSAT/LT05/C01/T1_SR	30 m × 30 m
Landsat TM	2013	LANDSAT/LC08/C01/T1_RT_TOA	30 m × 30 m
Landsat OLI	2016	LANDSAT/LC08/C01/T1_RT_TOA	30 m × 30 m
Landsat OLI	2020	LANDSAT/LC08/C01/T1_RT_TOA	30 m × 30 m

16.4.2　实验区域

赣州,简称“虔”,别称“虔城”“赣南”,是江西省的南大门,是江西省面积最大、人口最多的地级市。赣州地处亚热带季风气候区,地形以山地、丘陵、盆地为主,总面积 39363 km²,下辖 3 个市辖区、13 个县、2 个县级市、2 个功能区。赣州位于中国华东地区,江西省南部,地处赣江上游,处于东南沿海地区向内地延伸的过渡地带,是内地通向东南沿海的重要通道,介于北纬 24°29′~27°09′、东经 113°54′~116°38′之间。赣州是全国著名的革命老区、原中央苏区振兴发展示范区、红色文化传承创新区。赣州都市区是江西省重点培育和发展的都市区,赣州市中心城区主要由章贡区、南康区、赣县区、赣州经济技术开发区、蓉江新区共同组成。

16.5　实验原理与分析

本文基于多时相 Landsat TM、ETM +、OLI 遥感图像数据以及社会经济统计数据,以 1996 年以来赣州市城市化进程及城市扩展驱动力为研究对象,在 GEE 平台上对比监督分类方法和建筑指数提取方法的优劣,最终采用监督分类方法提取赣州市 1996、2000、2004、2008、2013、2016 和 2020 年七个时相的城市范围信息,对赣州市的城区扩展面积进行统计,并采用城市用地扩展变化特征指数对空间扩展的速率、强度开展了分析推测,结合 GDP、人口等社会经济数据对扩展驱动力进行了分析,以期为赣州市城市用地的科学规划和合理布局提供依据。

【**实验要求 1**】运用监督分类方法和建筑指数提取方法对城市用地进行提取,对比二者提取的效果决定最优方法。GEE 平台的监督分类方法有多种,本实验采用的是 CART 分类方法(ee. Classifier. smileCart)和 SVM 分类方法(ee. Classifier. libsvm)。对比发现,CART 分类效果较好。

建筑指数提取方法,诸如差值建筑指数(DBI)、归一化差值建筑指数(NDBI)和建筑用地指数(IBI)等基于遥感数据的提取方法,具有自动化程度高、提取精度高的特点,已逐步成为当前常用的建筑用地信息提取方法。研究表明,IBI 指数耦合了归一化差值建筑指数(NDBI)、土壤调节植被指数(SAVI)和改进的归一化差值水体指数(MNDWI)三种指数,能有效地提取建筑用地信息,最高提取精度可达 98%。其计算公式为:

$$IBI = \frac{NDBI - (SAVI + MNDWI)/2}{NDBI + (SAVI + MNDWI)/2}. \tag{16.1}$$

式中:NDBI 为归一化差值建筑指数;SAVI 为土壤调节植被指数;MNDWI 为改进的归一化差值水体指数。

IBI 中之所以选择 SAVI 而不选 NDVI,是因为 SAVI 在探测城市等植被覆盖率较低地区的植被时比 NDVI 更敏感。因此,SAVI 更适合城市地区,但在植被覆盖率超过 30% 的地区,可以使用 NDVI。其计算公式为:

$$IBI = \frac{NDBI - (NDVI + MNDWI)/2}{NDBI + (NDVI + MNDWI)/2}. \tag{16.2}$$

式中,NDVI 为归一化植被指数。表 16.2 展示了 NDVI、NDBI、SAVI 和 MNDWI 的计算公式。

归一化差值建筑指数(NDBI)可作为对比方法,计算公式为:

$$NDBI = \frac{MIR - NIR}{MIR + NIR}. \tag{16.3}$$

式中:MIR 为短波红外波段;NIR 为近红外波段。

综上,本实验共选取三个建筑指数进行对比分析,相关指数运算公式如表 16.2。关于阈值分割,可通过 OTSU 阈值分割方法确定初始阈值,后经反复运行观察确定最优阈值。

【**实验要求 2**】引入扩展强度指数和扩展速率指数分析赣州城市化扩展变化特征。城市用地扩展时序变化是指研究时段内起止时相城市用地规模数量在时间维度上的变化特征，一般采用扩展强度指数 UEII（Urban Expansion Intensity Index）和扩展速率指数 UERI（Urban Expansion Rate Index）来表征，它们分别代表城市城区的扩展强弱与扩展快慢。

（1）城市扩展强度指数（UEII）

$$\text{UEII} = \frac{(U_b - U_a)}{U_a} \times 100\% . \tag{16.4}$$

式中，U_a 与 U_b 分别代表两个不同时期的城区面积。

（2）城市扩展速率指数（UERI）

$$\text{UERI} = \frac{U_b - U_a}{T_b - T_a}. \tag{16.5}$$

式中：U_a 与 U_b 分别代表两个不同时期的城区面积；T_a 与 T_b 分别代表两个不同的研究时相。

【**实验要求 3**】选取赣州市相应的社会经济统计数据，从人口、地区生产总值（GDP）、交通运输（客运总量）和宏观政策四个方面对城区扩展的驱动力进行综合分析。利用人口、GDP 和交通运输与城市建成区面积进行相关性分析，分析其变化趋势，确定主要驱动因子。

表 16.2　相关指数的计算公式

指数类型	指数名称	TM/ETM 的计算公式	OLI 的计算公式
NDVI	归一化植被指数	$\text{NDVI} = (\rho_4 - \rho_3)/(\rho_4 + \rho_3)$	$\text{NDVI} = (\rho_5 - \rho_4)/(\rho_5 + \rho_4)$
NDBI	归一化差值建筑指数	$\text{NDBI} = (\rho_5 - \rho_4)/(\rho_5 + \rho_4)$	$\text{NDBI} = (\rho_6 - \rho_5)/(\rho_6 + \rho_5)$
SAVI	土壤调节植被指数	$\text{SAVI} = \dfrac{\rho_4 - \rho_3}{\rho_4 + \rho_3 + L}(1 + L)$	$\text{SAVI} = \dfrac{\rho_5 - \rho_4}{\rho_5 + \rho_4 + L}(1 + L)$
MNDWI	改进的归一化差值水体指数	$\text{MNDWI} = (\rho_2 - \rho_5)/(\rho_2 + \rho_5)$	$\text{MNDWI} = (\rho_3 - \rho_6)/(\rho_3 + \rho_6)$

注：表中 ρ_i 为 TM/ETM/OLI 第 i 波段的地表反射率；L 为土壤调节系数。

16.6 实验步骤

16.6.1 数据预处理

GEE 中对影像的预处理主要包括影像的筛选、去云处理以及影像的合成和裁剪等。GEE 中封装的影像集一般经过了简单的预处理,故几何校正与大气校正等操作步骤基本省略。以上预处理过程均可直接在 GEE 平台上用代码执行操作。

(1)打开 Google Earth Engine 运算平台(https://code. earthengine. google. com/),新建一个文件,命名为"1. Selection_of_extraction_method",点击"确认"。

(2)导入研究区矢量数据。选择平台左面板的"Assets",点击"NEW",选择"Shape files"选项。按照图 16.1 允许的格式选择导入的矢量文件,矢量文件在"赣州边界"文件夹。上传进度可在右面板进行查看(如图 16.2),上传完成后引用该数据(如图 16.3)。编辑面板有相关引用代码,可对该矢量数据进行重命名。

注意:研究区矢量数据的投影必须为 WGS-84,非该投影则无法导入。

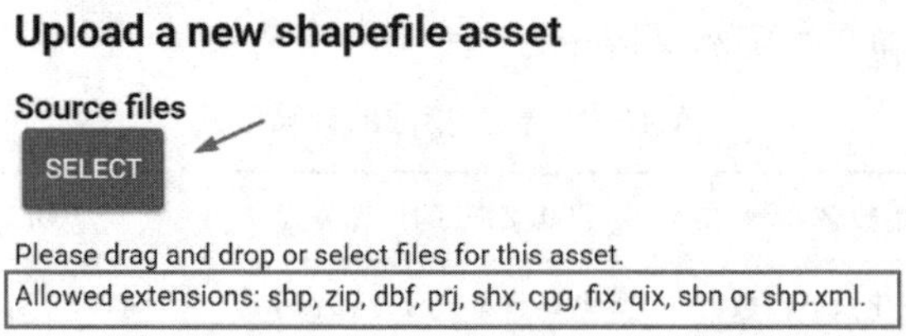

Upload a new shapefile asset

Source files

SELECT

Please drag and drop or select files for this asset.
Allowed extensions: shp, zip, dbf, prj, shx, cpg, fix, qix, sbn or shp.xml.

图 16.1 选择矢量数据

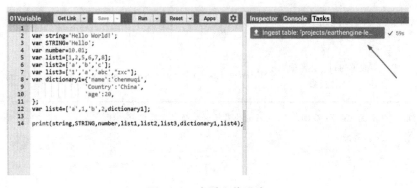

图 16.2 查看上传进度

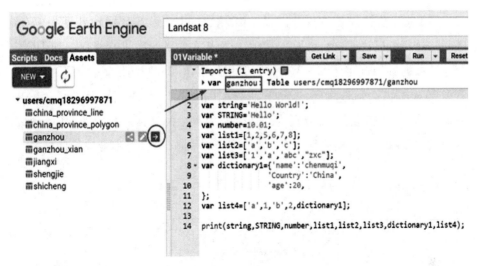

图 16.3　调用数据

（3）加载影像，调用数据集。影像的获取可通过 GEE 自带的搜索引擎，查询数据集的详细信息。图 16.4 左下的代码即为代表该数据集的代码，右下角的导入按键可直接将该数据导入编辑面板中。本实验不进行直接导入，直接在编辑面板进行影像数据的调用。关闭查询窗口，在 GEE 编辑面板中调用影像。代码在（4）中会进行详细介绍。

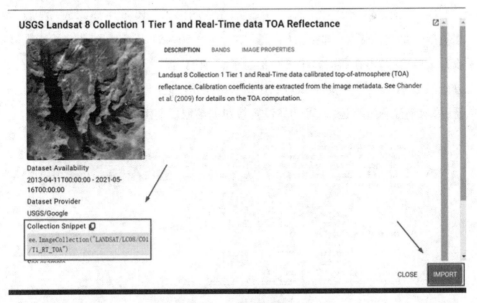

图 16.4　数据信息面板

（4）进行数据预处理操作。以 2020 年 Landsat 影像数据预处理为例（图16.5），进行代码说明，此处的说明以编辑面板左侧的行数进行指代。导入研究区矢量数据后，编辑面板 2～3 行进行赣州的定位和底图的设置。第 5～9 行为影像数据的筛选，筛选时间、云量和研究范围。第 11 行进行 reducer 处理——去云。第 10 行和第 12 行分别为筛选后影像数量的计算以及预处理后影像在地图上的显示，点击"运行"即可。做了注释的代码，GEE 将不会进行计算。

```
1
2    Map.centerObject(ganzhou, 7);
3    Map.setOptions('SATELLITE');
4
5    //1.Load the image and preprocess it
6    var l8_ganzhou1 =ee.ImageCollection("LANDSAT/LC08/C01/T1_RT_TOA")
7                        .filterDate('2020-01-01','2020-12-31')
8                        .filterMetadata('CLOUD_COVER','less_than',0.5)
9                        .filterBounds(ganzhou);
10   //print(l8_ganzhou1.size());
11   var ganzhou2020=l8_ganzhou1.reduce(ee.Reducer.median()).clip(ganzhou)
12   //Map.addLayer(ganzhou2020,{bands:['B3_median','B2_median','B1_median']},'ganzhou2020');
13
```

图 16.5　数据预处理

16.6.2　城市用地的提取

16.6.2.1　运用建筑指数提取城市用地

（1）构造建筑指数运算函数，并添加在底图上（图 16.6）。第 15～49 行为建筑指数的构造函数，即指数的计算公式。第 50～51 行为添加计算的指数波段并进行打印，可在右面板中进行信息的详细说明（图 16.7）。第 52～55 行为分别将建筑指数计算的单波段（NDBI、IBI 等）在地图上显示。此处如需要查看，可取消注释进行运行，可选择设置按钮调整取值范围。

```
14   //2.Index extraction of construction area
15   var addVariables = function(image){
16       var ndvi = image.normalizedDifference(['B5_median','B4_median']).rename('NDVI');
17       var mndwi = image.normalizedDifference(['B3_median','B6_median']).rename('MNDWI');
18       var ndbi = image.normalizedDifference(['B6_median','B5_median']).rename('NDBI');
19       var savi = image.expression(
20           '((NIR-red)*1.5)/(NIR+red+0.5)',{
21               red:image.select('B4_median'),
22               NIR:image.select('B5_median')
23           }).float().rename('SAVI');
24       var savi1 = image.expression(
25           '((NIR-red)*1.2)/(NIR+red+0.2)',{
26               red:image.select('B4_median'),
27               NIR:image.select('B5_median')
28           }).float().rename('SAVI1');
29       image = image.addBands([ndvi,mndwi,ndbi,savi,savi1]);
30       var ibi1_1=image.expression(
31           '(ndbi-(savi+mndwi)/2)/(ndbi+(savi+mndwi)/2)',{
32               ndbi:image.select('NDBI'),
33               savi:image.select('SAVI'),
34               mndwi:image.select('MNDWI')
35           }).float().rename('IBI_savi');
```

```
36    var ibi1_2=image.expression(
37          '(ndbi-(savi+mndwi)/2)/(ndbi+(savi+mndwi)/2)',{
38            ndbi:image.select('NDBI'),
39            savi:image.select('SAVI1'),
40            mndwi:image.select('MNDWI')
41          }).float().rename('IBI_savi1');
42    var ibi2=image.expression(
43          '(ndbi-(ndvi+mndwi)/2)/(ndbi+(ndvi+mndwi)/2)',{
44            ndbi:image.select('NDBI'),
45            ndvi:image.select('NDVI'),
46            mndwi:image.select('MNDWI')
47          }).float().rename('IBI_ndvi');
48    return image.addBands([ibi1_1,ibi1_2,ibi2]);
49  };
50  var zs2020=addVariables(ganzhou2020);
51  //print(zs2020);
52  //Map.addLayer(zs2020.select('IBI_savi'),{},'IBI_2020_savi');
53  //Map.addLayer(zs2020.select('IBI_savi1'),{},'IBI_2020_savi1');
54  //Map.addLayer(zs2020.select('IBI_ndvi'),{},'IBI_2020_ndvi');
55  //Map.addLayer(zs2020.select('NDBI'),{},'NDBI');
```

图 16.6　指数计算代码

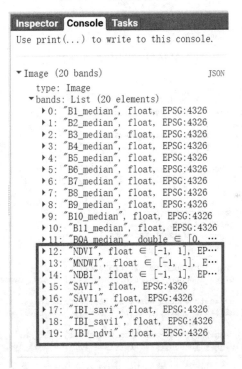

图 16.7　打印并显示

（2）阈值分割。60～87 行是对 OTSU 阈值分割算法的构建及运用，可进行打印进行阈值的显示（图 16.8）。经实验发现，该阈值只对 NDBI 指数有效，故可自行对阈值进行确定，反复实验。第 101～113 行是对阈值取值的掩膜处理（图 16.9），提取城市用地范围，同样可运行，进行 Map.addLayer 加载显示。

```
56   //3.Using OTSU algorithm to calculate threshold
57   /*Only the threshold of calculating NDBI is more accurate, and other errors are relatively large,
58   so this method is not used.*/
59
60 ▾ function OTSU(img){
61 ▾   var histogram = img.reduceRegion({
62                 reducer: ee.Reducer.histogram(255, 2).combine('mean', null, true).combine('variance', null, true),
63                 geometry: ganzhou,
64                 scale: 500,
65                 bestEffort: true});
66 ▾   var otsu = function(his) {
67       var counts = ee.Array(ee.Dictionary(his).get('histogram'));
68       var means = ee.Array(ee.Dictionary(his).get('bucketMeans'));
69       var size = means.length().get([0]);
70       var total = counts.reduce(ee.Reducer.sum(), [0]).get([0]);
71       var sum = means.multiply(counts).reduce(ee.Reducer.sum(), [0]).get([0]);
72       var mean = sum.divide(total);
73       var indices = ee.List.sequence(1, size);
74 ▾     var bss = indices.map(function(i) {
75         var aCounts = counts.slice(0, 0, i);
76         var aCount = aCounts.reduce(ee.Reducer.sum(), [0]).get([0]);
77         var aMeans = means.slice(0, 0, i);
78         var aMean = aMeans.multiply(aCounts).reduce(ee.Reducer.sum(), [0]).get([0]).divide(aCount);
79         var bCount = total.subtract(aCount);
80         var bMean = sum.subtract(aCount.multiply(aMean)).divide(bCount);
81         return aCount.multiply(aMean.subtract(mean).pow(2)).add(bCount.multiply(bMean.subtract(mean).pow(2)))});
82       return means.sort(bss).get([-1])});
83   /*The following mndwi is based on the band name of the rename when you calculate the water body index.
84   Of course, you can also print "histogram" once and see.*/
85   return otsu(histogram.get('NDBI_histogram'));
86   }
87   var NDBI_threshold=OTSU(zs2020);
88   //print('NDBI_threshold',NDBI_threshold);
```

图 16.8   OTSU 算法计算

```
90   //4.Threshold segmentation
91   //4.1 Greater than a certain value
92 ▾ var threshold_mask=function(image,value){
93     var mask=image.gt(value);
94     var masked_image=image.updateMask(mask);
95     return masked_image;
96   };
97   var NDBI_urban=threshold_mask(zs2020.select('NDBI'),-0.05);
98   Map.addLayer(NDBI_urban,{palette:['red']},'NDBI_urban');
99
100  //4.2 Less than a certain value
101 ▾ var threshold_mask1=function(image,value){
102    var mask=image.lt(value);
103    var masked_image=image.updateMask(mask);
104    return masked_image;
105  };
106  var IBI_savi_urban=threshold_mask1(zs2020.select('IBI_savi'),0.1);
107  Map.addLayer(IBI_savi_urban,{palette:['red']},'IBI_savi_urban',false);
108
109  var IBI_savi1_urban=threshold_mask1(zs2020.select('IBI_savi1'),0.6);
110  Map.addLayer(IBI_savi1_urban,{palette:['red']},'IBI_savi1_urban',false);
111
112  var IBI_ndvi_urban=threshold_mask1(zs2020.select('IBI_ndvi'),2.8);
113  Map.addLayer(IBI_ndvi_urban,{palette:['red']},'IBI_ndvi_urban',false);
```

图 16.9   阈值分割

16.6.2.2   运用监督分类方法提取城市用地

(1)选取并定义样本。选择绘图工具进行样本点的绘制(图 16.10),再对"Configure geometry imports"中的样本属性进行编辑。按图示添加属性(图 16.11),urban 要素集设置 landcover 为 0,forest 设置为 1,以此类推。

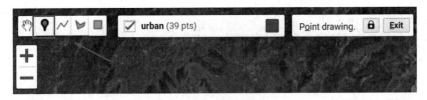

图 16.10 绘图工具

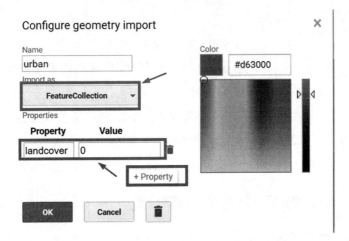

图 16.11 编辑属性

注意:样本点的选择关乎监督分类结果的好坏,我们可对分类影像进行波段组合再选取样本。

(2)进行监督分类。如图 16.12 所示:第 117 行对样本进行合并;第 119 行选择要进行分类的波段;第 121 ~ 125 行定义训练样本集;第 128 ~ 137 行分别为 CART 和 SVM 分类器的定义;第 139 ~ 144 行进行监督分类以及结果的显示;第 147 ~ 153 行进行城市用地的提取,单独将 urban 类别进行提取,其中 0 为 landcover 的对应值。点击"运行",所有结果均可在地图上显示。

```
115  //5.Supervision of classified construction areas
116  //5.1 Merge features into one FeatureCollection
117  var classNames = urban.merge(water).merge(forest).merge(agriculture).merge(bare_land);
118  //5.2 Select bands to use
119  var bands = ['B2_median', 'B3_median', 'B4_median', 'B5_median', 'B6_median', 'B7_median'];
120  //5.3 Sample the reflectance values for each training point
121  var training = ganzhou2020.select(bands).sampleRegions({
122    collection: classNames,
123    properties: ['landcover'],
124    scale: 30
125  });
126
127  //5.4 Train the classifier - in this case using a CART regression tree
128  var classifier = ee.Classifier.smileCart().train({
129    features: training,
130    classProperty: 'landcover',
131    inputProperties: bands
132  });
133  var classifier1 = ee.Classifier.libsvm().train({
134    features: training,
135    classProperty: 'landcover',
136    inputProperties: bands
```

```
137  });
138  //5.5 Run the classification
139  var classified = ganzhou2020.select(bands).classify(classifier);
140  var classified1 = ganzhou2020.select(bands).classify(classifier1);
141  // print(classified);
142  //5.6 Display the classification map
143  Map.addLayer(classified,{min: 0, max: 4, palette: ['red', 'green', 'blue','yellow','pink']},'classification_cart');
144  Map.addLayer(classified1,{min: 0, max: 4, palette: ['red', 'green', 'blue','yellow','pink']},'classification_svm',false);
145
146  //5.7 To extract urban region.
147  var mask=function(image,value){
148    var mask=image.eq(value);
149    var masked_image=image.updateMask(mask);
150    return masked_image;
151  };
152  var urban0=mask(classified,0);
153  Map.addLayer(urban0,{palette:['red']},'urban');
```

图 16.12　监督分类代码

（3）方法的对比。可勾选各种结果进行比对,观察提取出的城市用地 urban。本实验最终选择 CART 监督分类方法进行。

注意:代码中所有关于样式的选择以及结果图的显示,不论是颜色还是显示、拉伸均可自己决定,这里不做定性要求。阈值分割值也是选取多个值反复对结果进行观察后得出的,大家可自行实验,得出更为准确的阈值。

16.6.3　综合城市用地提取以及结果分析

16.6.3.1　数据预处理

新建文件,更名为"2. City_extraction"。对 7 幅影像进行预处理,预处理过程与 16.6.1 中的(4)基本一致,如图 16.13 所示,第 43～53 行添加了 cloudMaskL457 函数,用于对 Landsat-4/Landsat-5/Landsat-7 进行去云处理,其余操作过程同上。

```
1   Map.centerObject(ganzhou, 8);
2   Map.setOptions('TERRAIN');
3   //1.Load the image and preprocess it
4   var l8_ganzhou1 =ee.ImageCollection("LANDSAT/LC08/C01/T1_RT_TOA")
5                     .filterDate('2020-01-01','2020-12-31')
6                       .filterMetadata('CLOUD_COVER','less_than',0.5)
7                       .filterBounds(ganzhou);
8   var l8_ganzhou2 =ee.ImageCollection("LANDSAT/LC08/C01/T1_RT_TOA")
9                     .filterDate('2016-01-01','2016-12-31')
10                      .filterMetadata('CLOUD_COVER','less_than',0.5)
11                      .filterBounds(ganzhou);
12  var l8_ganzhou3 =ee.ImageCollection("LANDSAT/LC08/C01/T1_RT_TOA")
13                    .filterDate('2013-01-01','2013-12-31')
14                      .filterMetadata('CLOUD_COVER','less_than',1)
15                      .filterBounds(ganzhou);
16  var l5_ganzhou1 =ee.ImageCollection("LANDSAT/LT05/C01/T1_SR")
17                    .filterDate('2008-01-01','2008-12-31')
18                      .filterMetadata('CLOUD_COVER','less_than',1)
19                      .filterBounds(ganzhou);
20  var l5_ganzhou2 =ee.ImageCollection("LANDSAT/LT05/C01/T1_SR")
21                    .filterDate('2004-01-01','2004-12-31')
22                      .filterMetadata('CLOUD_COVER','less_than',1)
23                      .filterBounds(ganzhou);
24  var l7_ganzhou3 =ee.ImageCollection("LANDSAT/LE07/C01/T1_SR")
25                    .filterDate('2000-01-01','2000-12-31')
26                      .filterMetadata('CLOUD_COVER','less_than',5)
```

```
27                        .filterBounds(ganzhou);
28   var l5_ganzhou4 =ee.ImageCollection("LANDSAT/LT05/C01/T1_SR")
29                        .filterDate('1996-01-01','1996-12-31')
30                        .filterMetadata('CLOUD_COVER','less_than',15)
31                        .filterBounds(ganzhou);
32   //print(l8_ganzhou3.size());
33   //1.1 Processing l8 image
34   var ganzhou2020=l8_ganzhou1.reduce(ee.Reducer.median()).clip(ganzhou);
35   var ganzhou2016=l8_ganzhou2.reduce(ee.Reducer.median()).clip(ganzhou);
36   var ganzhou2013=l8_ganzhou3.reduce(ee.Reducer.median()).clip(ganzhou);
37   //1.2 Processing l5 and l7 image
38 ▾ /**
39    * Function to mask clouds based on the pixel_qa band of Landsat SR data.
40    * @param {ee.Image} image Input Landsat SR image
41    * @return {ee.Image} Cloudmasked Landsat image
42    */
43 ▾ var cloudMaskL457 = function(image) {
44     var qa = image.select('pixel_qa');
45     // If the cloud bit (5) is set and the cloud confidence (7) is high
46     // or the cloud shadow bit is set (3), then it's a bad pixel.
47     var cloud = qa.bitwiseAnd(1 << 5)
48                    .and(qa.bitwiseAnd(1 << 7))
49                    .or(qa.bitwiseAnd(1 << 3));
50     // Remove edge pixels that don't occur in all bands
51     var mask2 = image.mask().reduce(ee.Reducer.min());
52     return image.updateMask(cloud.not()).updateMask(mask2);
53   };
54   var ganzhou2008=l5_ganzhou1.map(cloudMaskL457).median().clip(ganzhou);
55   var ganzhou2004=l5_ganzhou2.map(cloudMaskL457).median().clip(ganzhou);
56   var ganzhou2000=l7_ganzhou3.map(cloudMaskL457).median().clip(ganzhou);
57   var ganzhou1996=l5_ganzhou4.map(cloudMaskL457).median().clip(ganzhou);
58   Map.addLayer(ganzhou2020,{bands:['B4_median','B3_median','B2_median']},'ganzhou2020',false);
59   // Map.addLayer(ganzhou2016,{bands:['B4_median','B3_median','B2_median']},'ganzhou2016',false);
60   // Map.addLayer(ganzhou2013,{bands:['B4_median','B3_median','B2_median']},'ganzhou2013',false);
61   // Map.addLayer(ganzhou2008,{bands:['B3','B2','B1']},'ganzhou2008',false);
62   // Map.addLayer(ganzhou2004,{bands:['B3','B2','B1']},'ganzhou2004');
63   // Map.addLayer(ganzhou2000,{bands:['B3','B2','B1']},'ganzhou2000');
64   // Map.addLayer(ganzhou1996,{bands:['B3','B2','B1']},'ganzhou1996');
```

图 16.13　数据预处理

16.6.3.2　监督分类

（1）进行样本选取。样本选取过程与 16.6.2.2 的操作过程一致。其中，ur-ban、urban1、urban2、urban3、urban4、urban5、urban6 分别对应 2020 年、2016 年、2013 年、2008 年、2004 年、2000 年、1996 年的影像。以此类推，forest、water、agriculture 和 bare_land 也分别对应（图 16.14）。

注意：对于各年份样本的选择，可在数据预处理过程中对各年份的影像进行显示后用绘图工具定点。

```
▼  Imports (45 entries) ▤
   ▶ var ganzhou: Table users/cmq18296997871/ganzhou
   ▶ var urban: FeatureCollection (40 elements) ⚙ ◉
   ▶ var forest: FeatureCollection (46 elements) ⚙ ◉
   ▶ var water: FeatureCollection (69 elements) ⚙ ◉
   ▶ var agriculture: FeatureCollection (40 elements) ⚙ ◉
   ▶ var bare_land: FeatureCollection (25 elements) ⚙ ◉
   ▶ var urban1: FeatureCollection (32 elements) ⚙ ◉
   ▶ var forest1: FeatureCollection (92 elements) ⚙ ◉
   ▶ var water1: FeatureCollection (30 elements) ⚙ ◉
   ▶ var agriculture1: FeatureCollection (64 elements) ⚙ ◉
   ▶ var bare_land1: FeatureCollection (7 elements) ⚙ ◉
   ▶ var urban2: FeatureCollection (46 elements) ⚙ ◉
   ▶ var forest2: FeatureCollection (52 elements) ⚙ ◉
   ▶ var water2: FeatureCollection (23 elements) ⚙ ◉
≡▯ ▶ var agriculture2: FeatureCollection (75 elements) ⚙ ◉
   ▶ var bare_land2: FeatureCollection (11 elements) ⚙ ◉
   ▶ var urban3: FeatureCollection (66 elements) ⚙ ◉
   ▶ var forest3: FeatureCollection (46 elements) ⚙ ◉
   ▶ var water3: FeatureCollection (34 elements) ⚙ ◉
   ▶ var agriculture3: FeatureCollection (52 elements) ⚙ ◉
   ▶ var bare_land3: FeatureCollection (8 elements) ⚙ ◉
   ▶ var urban4: FeatureCollection (20 elements) ⚙ ◉
   ▶ var bare_land4: FeatureCollection (5 elements) ⚙ ◉
   ▶ var water4: FeatureCollection (21 elements) ⚙ ◉
   ▶ var agriculture4: FeatureCollection (41 elements) ⚙ ◉
   ▶ var forest4: FeatureCollection (95 elements) ⚙ ◉
≡▯ ▶ var urban5: FeatureCollection (57 elements) ⚙ ◉
   ▶ var water5: FeatureCollection (19 elements) ⚙ ◉
   ▶ var forest5: FeatureCollection (128 elements) ⚙ ◉
   ▶ var agriculture5: FeatureCollection (102 elements) ⚙ ◉
   ▶ var bare_land5: FeatureCollection (6 elements) ⚙ ◉
   ▶ var urban6: FeatureCollection (26 elements) ⚙ ◉
   ▶ var bare_land6: FeatureCollection (7 elements) ⚙ ◉
≡▯ ▶ var forest6: FeatureCollection (88 elements) ⚙ ◉
   ▶ var water6: FeatureCollection (31 elements) ⚙ ◉
   ▶ var agriculture6: FeatureCollection (53 elements) ⚙ ◉
```

图 16.14　各年份样本选择

（2）进行监督分类。监督分类过程与 16.6.2.2 的操作过程一致。class-Names、training、classifier、classified 的名称运用需要一一对应,如图 16.15 所示。

注意:对于重复的函数代码,可直接进行复制,更改其中的对应名称即可。图 16.15 中的第 89～109 行,对重复代码进行了折叠。大家可仿照第 79～88 行自行复制。后面的步骤中有重复代码的,也按前代码进行仿照编写。

```
66  //2.Supervision of classified construction areas
67  //2.1 Merge features into one FeatureCollection
68  var classNames = urban.merge(water).merge(forest).merge(agriculture).merge(bare_land);
69  var classNames1 = urban1.merge(water1).merge(forest1).merge(agriculture1).merge(bare_land1);
70  var classNames2 = urban2.merge(water2).merge(forest2).merge(agriculture2).merge(bare_land2);
71  var classNames3 = urban3.merge(water3).merge(forest3).merge(agriculture3).merge(bare_land3);
72  var classNames4 = urban4.merge(water4).merge(forest4).merge(agriculture4).merge(bare_land4);
73  var classNames5 = urban5.merge(water5).merge(forest5).merge(agriculture5).merge(bare_land5);
74  var classNames6 = urban6.merge(water6).merge(forest6).merge(agriculture6).merge(bare_land6);
75  //2.2 Select bands to use
76  var bands = ['B2_median', 'B3_median', 'B4_median', 'B5_median', 'B6_median', 'B7_median'];
77  var bands1 = ['B1','B2', 'B3', 'B4', 'B5', 'B6', 'B7'];
78  //2.3 Sample the reflectance values for each training point
79  var training = ganzhou2020.select(bands).sampleRegions({
80    collection: classNames,
81    properties: ['landcover'],
82    scale: 30
83  });
84  var training1 = ganzhou2016.select(bands).sampleRegions({
85    collection: classNames1,
86    properties: ['landcover'],
87    scale: 30
88  });
```

```
89 ▸ var training2 = ganzhou2013.select(bands).sampleRegions({▉});
94 ▸ var training3 = ganzhou2008.select(bands1).sampleRegions({▉});
99 ▸ var training4 = ganzhou2004.select(bands1).sampleRegions({▉});
104 ▸ var training5 = ganzhou2000.select(bands1).sampleRegions({▉});
109 ▸ var training6 = ganzhou1996.select(bands1).sampleRegions({▉});
114   //2.4 Train the classifier - in this case using a CART regression tree
115 ▾ var classifier = ee.Classifier.smileCart().train({
116     features: training,
117     classProperty: 'landcover',
118     inputProperties: bands
119   });
120 ▾ var classifier1 = ee.Classifier.smileCart().train({
121     features: training1,
122     classProperty: 'landcover',
123     inputProperties: bands
124   });
125 ▸ var classifier2 = ee.Classifier.smileCart().train({▉});
130 ▸ var classifier3 = ee.Classifier.smileCart().train({▉});
135 ▸ var classifier4 = ee.Classifier.smileCart().train({▉});
140 ▸ var classifier5 = ee.Classifier.smileCart().train({▉});
145 ▸ var classifier6 = ee.Classifier.smileCart().train({▉});
150   //2.5 Run the classification
151   var classified = ganzhou2020.select(bands).classify(classifier);
152   var classified1 = ganzhou2016.select(bands).classify(classifier1);
153   var classified2 = ganzhou2016.select(bands).classify(classifier2);
154   var classified3 = ganzhou2008.select(bands1).classify(classifier3);
155   var classified4 = ganzhou2004.select(bands1).classify(classifier4);
156   var classified5 = ganzhou2000.select(bands1).classify(classifier5);
157   var classified6 = ganzhou1996.select(bands1).classify(classifier6);
158   // print(classified);
159   //2.6 Display the classification map
160   Map.addLayer(classified,{min: 0, max: 4, palette: ['red', 'green', 'blue','yellow','pink']},'classification2020',false);
161   Map.addLayer(classified1,{min: 0, max: 4, palette: ['red', 'green', 'blue','yellow','pink']},'classification2016',false);
162   Map.addLayer(classified2,{min: 0, max: 4, palette: ['red', 'green', 'blue','yellow','pink']},'classification2013',false);
163   Map.addLayer(classified3,{min: 0, max: 4, palette: ['red', 'green', 'blue','yellow','pink']},'classification2008',false);
164   Map.addLayer(classified4,{min: 0, max: 4, palette: ['red', 'green', 'blue','yellow','pink']},'classification2004');
165   Map.addLayer(classified5,{min: 0, max: 4, palette: ['red', 'green', 'blue','yellow','pink']},'classification2000');
166   Map.addLayer(classified6,{min: 0, max: 4, palette: ['red', 'green', 'blue','yellow','pink']},'classification1996');
167
```

图 16.15　各年份影像的监督分类代码

16.6.3.3　提取城市用地范围

运用掩膜函数对分类后的影像进行提取,过程与 16.6.2 提取城市用地的操作一致(图 16.16)。

```
168   //2.7 To extract urban region.
169 ▾ var mask=function(image,value){
170     var mask=image.eq(value);
171     var masked_image=image.updateMask(mask);
172     return masked_image;
173   };
174   var urban2020=mask(classified,0);
175   var urban2016=mask(classified1,0);
176   var urban2013=mask(classified2,0);
177   var urban2008=mask(classified3,0);
178   var urban2004=mask(classified4,0);
179   var urban2000=mask(classified5,0);
180   var urban1996=mask(classified6,0);
181   // Map.addLayer(urban2020,{palette:['red']},'urban2020',false);
182   // Map.addLayer(urban2016,{palette:['red']},'urban2016',false);
183   // Map.addLayer(urban2013,{palette:['red']},'urban2013',false);
184   // Map.addLayer(urban2008,{palette:['red']},'urban2008',false);
185   // Map.addLayer(urban2004,{palette:['red']},'urban2004');
186   // Map.addLayer(urban2000,{palette:['red']},'urban2000');
187   // Map.addLayer(urban1996,{palette:['red']},'urban1996');
188
```

图 16.16　提取城市范围代码

16.6.3.4　分类后处理

利用滤波处理代码进行影像平滑处理,如第 191～194 行,其余年份影像的分类后处理操作也一样,如第 195～216 行。第 220～222 行的代码可将赣州市边界轮廓加载进地图中,第 223～231 行则是对结果进行地图显示,最后点击运行。

16.6.3.5　添加图例

为分类后图像进行图例的添加,对图例的位置、颜色、标题均可自行改动。

注意:后文中若需要添加任何图例,均可以此为基础进行修改,可修改标题、第278行和281行的颜色及名称。第283行中的代码数字随着图例数量的变化而变化。

16.6.3.6　分类精度验证

(1)针对16.6.3.2中选择的样本进行随机筛选,70%作为训练样本,30%作为测试样本。

(2)分类方法仍然选择CART监督分类方法。第353~359行运用测试样本分类,确定要进行函数运算的数据集以及函数。第361~370行计算混淆矩阵并进行打印。第372~385行进行总体精度和Kappa系数的计算,可取消注释。输出结果如图16.17,仅展示部分结果。

注意:由于训练样本和测试样本为随机选择,因此每次运行得出的精度都会有所变化,但大致相同。

图16.17　分类精度输出

16.6.3.7　不同地区城市扩展面积的计算

(1)对上文中分类后处理的第225~231行代码得出的城市用地范围进行叠加,选择7个变化明显的城区进行绘图。

(2)计算各地域不同年份的城市用地面积。通过更改图16.18中第396~404行中"geometry:nzg,"对应的区域代码,可获取不同区域该年份的分类面积,nzg可更改为任意区域。其中,area和area1分别对应2020年和2016年,以此类推。运行输出第 475～481 行代码的结果(图 16.19),0～4 分别对应分类类别。

```
387  //6.Calculate the classified area
388  var areaImage = ee.Image.pixelArea().addBands(classified);
389  var areaImage1 = ee.Image.pixelArea().addBands(classified1);
390  var areaImage2 = ee.Image.pixelArea().addBands(classified2);
391  var areaImage3 = ee.Image.pixelArea().addBands(classified3);
392  var areaImage4 = ee.Image.pixelArea().addBands(classified4);
393  var areaImage5 = ee.Image.pixelArea().addBands(classified5);
394  var areaImage6 = ee.Image.pixelArea().addBands(classified6);
395
396  var areas = areaImage.reduceRegion({
397      reducer: ee.Reducer.sum().group({
398        groupField: 1,
399        groupName: 'class',
400      }),
401    geometry: nzg,
402    scale: 500,
403    maxPixels: 1e10
404    });
405  var areas1 = areaImage1.reduceRegion({    });
414  var areas2 = areaImage2.reduceRegion({    });
423  var areas3 = areaImage3.reduceRegion({    });
432  var areas4 = areaImage4.reduceRegion({    });
441  var areas5 = areaImage5.reduceRegion({    });
450  var areas6 = areaImage6.reduceRegion({    });
459  //var classAreas = ee.List(areas.get('groups'));
460  var classAreaLists = function(item) {
461    var areaDict = ee.Dictionary(item);
462    var classNumber = ee.Number(areaDict.get('class')).format();
463    var area = ee.Number(
464      areaDict.get('sum')).divide(1e6).round();//The unit is square kilometers.
465    return ee.List([classNumber, area]);
466  };
467
468  var result = ee.Dictionary(ee.List(areas.get('groups')).map(classAreaLists).flatten());
469  var result1 = ee.Dictionary(ee.List(areas1.get('groups')).map(classAreaLists).flatten());
470  var result2 = ee.Dictionary(ee.List(areas2.get('groups')).map(classAreaLists).flatten());
471  var result3 = ee.Dictionary(ee.List(areas3.get('groups')).map(classAreaLists).flatten());
472  var result4 = ee.Dictionary(ee.List(areas4.get('groups')).map(classAreaLists).flatten());
473  var result5 = ee.Dictionary(ee.List(areas5.get('groups')).map(classAreaLists).flatten());
474  var result6 = ee.Dictionary(ee.List(areas6.get('groups')).map(classAreaLists).flatten());
475  // print('2020 Classification area(km2):',result,
476  //       '2016 Classification area(km2):',result1,
477  //       '2013 Classification area(km2):',result2,
478  //       '2008 Classification area(km2):',result3,
479  //       '2004 Classification area(km2):',result4,
480  //       '2000 Classification area(km2):',result5,
481  //       '1996 Classification area(km2):',result6);
```

图 16.18　计算分类面积

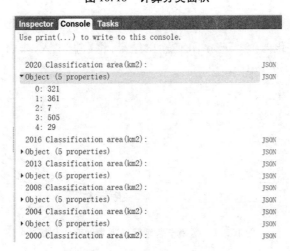

图 16.19　面积计算结果

16.6.4 Excel 数据分析

16.6.4.1 分类精度评价

记录 GEE 输出结果,将数据录入 Excel 中进行分析。如图 16.20。

A	B	C	D	E	F	G	H
	1996年	2000年	2004年	2008年	2013年	2016年	2020年
总体分类精度	73.44%	76.77%	95.45%	82.86%	83.05%	78.57%	80.33%
kappa系数	0.62	0.66	0.92	0.77	0.76	0.7	0.74

图 16.20 分类精度评价

16.6.4.2 城市变化分析

(1)统计赣州市土地利用面积变化。记录 GEE 输出结果,将数据录入 Excel 中进行分析并制图。如图 16.21。

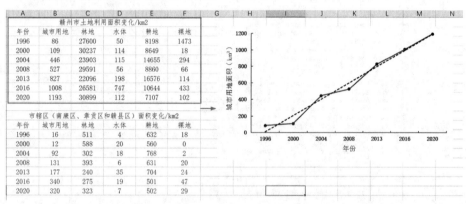

图 16.21 城市变化分析

(2)统计赣州市各城区土地利用面积变化(即 16.6.3.7 步骤中绘制的矢量区域)和年际变化差值。记录 GEE 输出结果,将数据录入 Excel 中进行分析并制图。如图 16.22 和图 16.23。

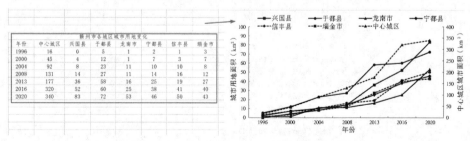

图 16.22 赣州市各地区城市用地变化分析

赣州市各县市城市用地年际变化差值						
年份	兴国县	于都县	龙南市	宁都县	信丰县	瑞金市
1996	0	5	1	2	1	3
2000	4	7	0	5	2	4
2004	4	11	10	3	7	1
2008	6	4	0	4	6	4
2013	22	31	5	11	3	15
2016	16	2	9	13	22	13
2020	31	12	28	8	9	3

图16.23　赣州市各地区城市用地年际变化差值分布

16.6.4.3　城市扩展指数分析

计算城市扩展指数,方法在实验原理中有详细介绍,如图16.24。

赣州市各县区城市用地变化

年份	全市	中心城区	兴国县	于都县	龙南县	宁都县	兴国县	瑞金市
1996	86	16	0	12	1	7	1	3
2000	109	45	4	5	1	2	3	3
2004	446	92	8	27	11	14	10	8
2008	527	131	36	58	16	17	25	27
2013	827	177	14	23	11	10	19	12
2016	1008	320	52	60	25	38	50	43
2020	1193	340	83	72	53	46	41	40

参数	1996	2000	2004	2008	2013	2016	2020
城市面积/km²	86	109	446	527	827	1008	1193
扩展面积/km²		23	337	81	300	181	185
扩展强度/%		26.74%	309.17%	18.16%	56.93%	21.89%	18.35%
扩展速率/(km²/a)		5.75	84.25	20.25	60.00	60.33	46.25

参数	1996	2000	2004	2008	2013	2016	2020
城区面积/km²	16	45	92	131	177	320	340
扩展面积/km²		29	47	39	46	143	20
扩展强度/%		181.25%	104.44%	42.39%	35.11%	80.79%	6.25%
扩展速率/(km²/a)		7.25	11.75	9.75	9.20	47.67	5.00

图16.24　城市扩展指数变化分析

16.6.4.4　精度验证

本实验选择《中国城市统计年鉴》中的市辖区建成区面积作为实际数据(见文件夹"1997—2019 中国城市统计年鉴"),用 GEE 提取的中心城区面积作为遥感提取的数据,对二者进行相关性分析(图16.25)。由图可知,实际数据与遥感提取数据的线性相关的决定系数 R^2 为 0.9174,接近 1,说明拟合程度较好。

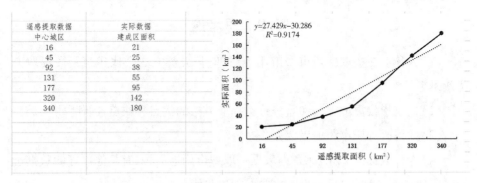

图16.25　精度验证

16.6.4.5　驱动力分析

本实验选择《中国城市统计年鉴》中的社会经济数据,即人口、GDP 和总客运量与建成区面积进行相关性分析,并分别进行图表制作,如图16.26 所示。

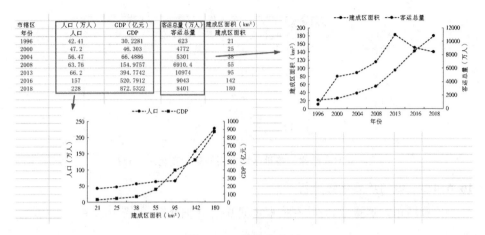

图 16.26　驱动力分析

16.7　练习题

(1)根据监督分类的结果,分析赣州市其余地类的面积分布变化趋势。

(2)选用合适的建筑指数方法分析赣州市中心城区的城市用地变化趋势。

16.8　实验报告

(1)根据练习题(1),完成各类地物年际变化图表。

(2)根据练习题(2),完成赣州市中心城区城市用地变化图表。

16.9　思考题

(1)为什么在提取赣州市城市用地时,监督分类方法会比建筑指数提取方法效果更好?

(2)建筑指数提取方法和监督分类提取方法的优点和缺点各有哪些?

(3)如何改进城市用地提取方法?

(4)为什么选择 Landsat 系列数据提取城市用地面积,有其他更好的数据选择吗?选择不同时期的 Landsat 数据需要注意什么?

(5)如何精简 GEE 对于长时间遥感监测的代码?

(6)思考本研究各个县市城市扩展的差异性和不均衡性,有什么研究意义?

实验 17　基于 GEE 云平台的近 20 年江西省水体面积提取及柘林水库面积动态变化监测

17.1　实验要求

基于 Google Earth Engine(GEE)平台,根据实验区域的 Landsat 遥感影像数据,完成下列分析:

(1)开展 2000—2020 年湖泊水体动态分析,对比不同水体指数提取精度,获取江西省最优水体指数。

(2)通过最优水体指数 AWEI 提取柘林水库面积,并研究其变化趋势。

(3)使用社会经济统计数据,包括全年全省地区生产总值(GDP)、粮食种植面积、水运旅客和货物的运输量、造林面积和年平均降水等,分析柘林水库面积影响因素。

17.2　实验目标

(1)熟悉 GEE 云计算平台的编程语言和方法。

(2)掌握精确提取水体的一般思路与方法。

(3)获取适用于江西省流域提取的最优水体指数。

17.3　实验软件

Google Earth Engine、ArcGIS 10.5、SPSS。

17.4　实验区域与数据

17.4.1　实验数据

"Data"文件夹:

"江西_shp":江西省矢量边界数据。

"柘林水库_shp":柘林水库矢量边界数据。

辅助数据：

"水位数据":2000—2019 年鄱阳湖水位数据。

"社会经济统计数据":2000—2019 年国民经济和社会发展信息,包括全年全省地区生产总值(GDP)、粮食种植面积、水运旅客和货物的运输量、造林面积和年平均降水等。

17.4.2　实验区域

江西省位于长江中下游南岸,介于东经 113°35′～118°29′、北纬 24°29′～30°05′之间。江西省内河网密布,水系发达,长江有 152 千米流经该省,境内赣江、抚河、信江、饶河、修河五大河流,从东、南、西三面汇流注入中国最大的淡水湖——鄱阳湖,经调蓄后由湖口注入长江,形成一个完整的鄱阳湖水系。鄱阳湖水系流域面积 16.22 万平方千米,相当于全省面积的 97%,约占长江流域面积的 9%。经鄱阳湖调蓄注入长江的多年平均水量 1457 亿立方米,占长江总水量的 15.5%。鄱阳湖洪水、枯水时期的湖体面积、湖体容积相差极大:最高水位时,湖体面积约 4550 平方千米,最低水位时湖体面积仅 239 平方千米。由于独特的地形和气候条件,江西洪涝、干旱灾害频繁,水土流失较为严重,因此,确定鄱阳湖的精确边界是比较困难的。

柘林水库,位于江西省九江市永修县、武宁县之间,是在永修县柘林镇筑坝拦截修水而形成的以防洪、发电、灌溉、养殖为主要功能的大型水库。

17.5　实验原理与分析

17.5.1　通过阈值法对水体信息进行提取

(1)水体指数 NDWI。McFeeters 在 1996 年提出了 NDWI,即:

$$NDWI = \frac{Green - NIR}{Green + NIR}. \tag{17.1}$$

式中:Green 为绿光波段;NIR 为近红外波段。NDWI 主要利用在近红外波段,水体强吸收,几乎没有反射,而植被反射率很强的特点,通过抑制植被和突出水体来提取影像中的水体信息,效果较好。但是 NDWI 只考虑了植被因素,忽略了建筑和土壤这两类重要地物,通过 NDWI 提取水体信息时绿光波段的反射率远远高于近红外波段,所以提取结果往往混有土壤和建筑物信息。用

NDWI提取城市水体时会有建筑物阴影较多的水体,效果较差。

(2)水体指数 MNDWI。在对 NDWI 分析的基础上,Xu 在构成该指数的波段组合中使用近红外波段(SWIR)替换了 NDWI 中的近红外波段,提出了 MND-WI,即:

$$MNDWI = \frac{Green - SWIR}{Green + SWIR}. \tag{17.2}$$

建筑物等阴影在绿光波段和近红外波段的波谱特征与水体相似,当采用短波红外波段替换近红外波段时,可以使计算出的水体与建筑物指数的反差明显增强,大大降低了二者的混淆程度,从而有利于城镇中水体信息的准确提取。通过实验还发现 MNDWI 比 NDWI 更能揭示水体的微细特征,如悬浮沉积物的分布、水质的变化等。

(3)水体指数 AWEI。AWEI 是 Feyisa 等人提出的自动水提取指数。该指数能够在存在各种环境噪声的情况下提高水的提取精度,同时提供稳定的阈值,提高包括阴影和黑暗表面的区域的分类准确性。其公式为:

$$AWEI_{nsh} = 4 \times (Green - SWIR1) - (0.25 \times NIR + 2.75 \times SWIR2). \tag{17.3}$$

$$AWEI_{sh} = Blue + 2.5 \times Green - 1.5 \times (NIR + SWIR1) - 0.25 \times SWIR2. \tag{17.4}$$

其中:$AWEI_{nsh}$ 和 $AWEI_{sh}$ 为自动水体提取指数的两种形式;Blue 为蓝光波段;SWIR1 和 SWIR2 为短波红外波段。$AWEI_{nsh}$ 适用于没有阴影的场景,而 $AWEI_{sh}$ 适用于阴影较多的场景,能够进一步剔除 $AWEI_{nsh}$ 提取结果中易与水体信息混淆的阴影等地物。为了尽量达到更好的提取效果,本研究选用 $AWEI_{sh}$。

17.5.2　JRC 水体面积

采用 GEE 数据库中的 Joint Research Centre(JRC,全球地表水数据集)作为验证数据。该数据集包含 7 个波段,由 1984 年 3 月 16 日至 2018 年 12 月 31 日的 Landsat-5、Landsat-7 和 Landsat-8 获取的 3865618 个场景生成,使用专家系统将每个像素单独分类为水或非水,并将结果整理成整个时间段(1984—2018年)和两个时间段(1984—1999 年、2000—2018 年)的月度历史数据,用以进行变化监测。

17.5.3　皮尔逊相关系数

相关系数是最早由统计学家卡尔·皮尔逊设计的统计指标,是研究变量之间线性相关程度的量,一般用字母 r 表示。由于研究对象的不同,相关系数有多种定义方式,较为常用的是皮尔逊相关系数。相关系数是用以反映变量之间相关关系密切程度的统计指标。世界上很多事情都存在一定的相关性,因此我们往往需要对两个或多个变量进行相关性分析。如果两个变量都是连续性的变量,就可以用 Pearson 分析方法。

17.6　实验步骤

17.6.1　安装插件

(1)在 Google Chrome 中点击"设置"→"更多工具"→"扩展程序"(图 17.1)。

图 17.1　Google Chrome 界面

(2)打开开发者模式,将插件拖入即可。

(3)选择其中一种插件进行使用,然后打开"Google Earth Engine"→"Code Editor"。

17.6.2　运用水体指数法提取水体

(1)复制以下链接,打开界面:

https://code.earthengine.google.com/? scriptPath = users%2Flin439%2FGEE_learning%3AWater%20area%2Fwater_compare

（2）对影像进行去云处理。具体操作如下：

```
1.  // 去云
2.  var maskL8 = function(image) {
3.     var qa = image.select('BQA');
4.     var mask = qa.bitwiseAnd(1 << 4)
5.              .or(qa.bitwiseAnd(1 << 8));
6.     return image.updateMask(mask.not());
7.  };
```

（3）定义三种水体指数的公式以及相应波段。具体操作如下：

```
8.  // 增加水体指数
9.  var addVariables = function(image){
10.    var awei= image.expression(
11.             '4*(green-SWIR1)-(0.25*NIR+2.75*SWIR2)',{
12.             green:image.select('B3'),
13.             NIR:image.select('B5'),
14.             SWIR1:image.select('B6'),
15.             SWIR2:image.select('B7'),
16.          }).float().rename('AWEI')
17.    var ndwi = image.normalizedDifference(['B3','B5']).rename('NDWI')
18.    var mndvi = image.normalizedDifference(['B3','B6']).rename('MNDWI')
19.
20.    return image.addBands([awei,ndwi,mndvi]);
21. }
```

（4）选取研究区域 2020 年旱季（4—9 月）的 Landsat-8 TOA 影像，并显示拼接、掩膜后的影像。具体操作如下：

```
22. // 研究区域
23.
24. Map.addLayer(roi,{"color":'red',},"roi")
25. Map.centerObject(roi, 8)
26.
27. var landimg= ee.ImageCollection("LANDSAT/LC08/C01/T1_TOA")
28.             .filterBounds(roi)
29.             .filterDate('2020-04-01','2020-10-01')
30.             .map(maskL8)
31.             .map(addVariables)
32.             .mosaic()
33.             .clip(roi)
```

```
34.
35. Map.addLayer(landimg, {bands: ['B7', 'B5','B2'],min: 0, max: 1,gamma:3,opaci
    ty:1},'landimg');
36.
```

（5）得到水体指数的提取情况，包括 NDWI、MNDWI、AWEI 的提取结果。具体操作如下：

```
37. //显示水体指数
38. var visParams = {min: -0.8, max: 0.8, palette: [ 'green','white','blue']};
39. Map.addLayer(landimg.select('AWEI'),visParams,'AWEI');
40. Map.addLayer(landimg.select('NDWI'),visParams,'NDWI');
41. Map.addLayer(landimg.select('MNDWI'),visParams,'MNDWI');
```

（6）与谷歌地图做对比，以 0.05 为步长，不断调整至最佳阈值。本文中 NDWI 的阈值范围为 0 ~ 0.15；MNDWI 的阈值范围为 0.35 ~ 0.5；AWEI 的阈值范围为 0.1 ~ 0.25。具体操作如下：

```
42. // 通过阈值提取水体
43. var ALOSDEM = ee.Image("JAXA/ALOS/AW3D30_V1_1");
44. var slope = ee.Terrain.slope(ALOSDEM.clip(roi));
45. var AWEI = landimg.select('AWEI');
46. var water1=AWEI.gt(0.1).updateMask(slope.lt(10)); //snow and shadow mask by
    DEM data
47. var water1=water1.updateMask(water1.gt(0.02));
48. Map.addLayer(water1,{min: 0, max: 1,palette: ['white','darkblue']},'AWEI');

49.
50. var NDWI = landimg.select('NDWI');
51. var water2=NDWI.gt(0.05).updateMask(slope.lt(10));
52. var water2=water2.updateMask(water2.gt(0.02));
53. Map.addLayer(water2,{min: 0, max: 1,palette: ['white','darkblue']},'NDWI');

54.
55. var MNDWI = landimg.select('MNDWI');
56. var water3=MNDWI.gt(0.3).updateMask(slope.lt(10));
57. var water3=water3.updateMask(water3.gt(0.02));
58. Map.addLayer(water3,{min: 0, max: 1,palette: ['white','darkblue']},'MNDWI');

59.
```

（7）将提取的水体以"polygon"的形式导出。具体操作如下：

```
60. var water_vec1 = water1.reduceToVectors({
61.    scale: 30,
62.    geometryType:'polygon',
63.    geometry: roi,
64.    eightConnected: false,
65.    bestEffort:true,
66.    tileScale:2,
67. });
68.
69. var water_vec2 = water2.reduceToVectors({
70.    scale: 30,
71.    geometryType:'polygon',
72.    geometry: roi,
73.    eightConnected: false,
74.    bestEffort:true,
75.    tileScale:2,
76. });
77.
78. var water_vec3 = water3.reduceToVectors({
79.    scale: 30,
80.    geometryType:'polygon',
81.    geometry: roi,
82.    eightConnected: false,
83.    bestEffort:true,
84.    tileScale:2,
85. });
```

（8）将提取的水体以"shp"的形式导到"Google Drive"中，可以在编辑界面右边的"Tasks"中查看。若要下载，则点击"run"。具体操作如下：

```
86. Export.table.toDrive({
87.    collection:water_vec1,
88.    description:'AWEI',
89.    fileFormat:'SHP',
90.    fileNamePrefix:'AWEI'
91. });
92.
93. Export.table.toDrive({
94.    collection:water_vec2,
95.    description:'NDWI',
96.    fileFormat:'SHP',
97.    fileNamePrefix:'NDWI'
```

```
98.  });
99.
100. Export.table.toDrive({
101.    collection:water_vec3,
102.    description:'MNDWI',
103.    fileFormat:'SHP',
104.    fileNamePrefix:'MNDWI'
105. });
```

(9)使用像素的方法计算提取的水面积,其中像素大小为 30 * 30,并将其记录下来,进行后续的工作。具体操作如下:

```
106. //计算 jiangxi 水体面积
107.    var water_area = water1.reduceRegion({
108.       reducer: ee.Reducer.sum(),
109.       geometry: roi,
110.       scale: 30,
111.       maxPixels: 1E13
112.    });
113.
114.  print(water_area,"water_area");
```

(10)对比各类位置,观察不同水体指数提取水体的差异,见图 17.2。

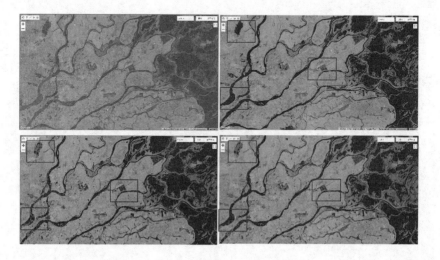

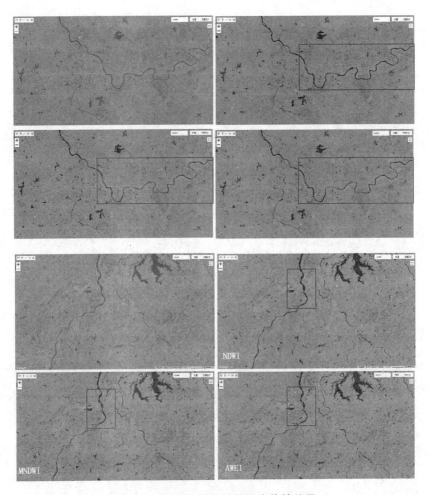

图 17.2　不同水体指数提取水体的差异

17.6.3　提取 JRC 水体面积

（1）复制以下链接，打开 GEE 界面：

https://code. earthengine. google. com/? scriptPath = users％2Flin439％2FGEE_learning％3AJRC

（2）水体数据源是"JRC Monthly Water History, v1.1"，这个数据库拥有 1987 年到现在的全球水体分布图，它是根据 Landsat 数据提取的。

（3）这个数据只有一个波段，三个值:0,1,2。其中:0 代表没有数据;1 代表有数据,不是水体;2 代表有数据,是水体。

（4）通过 GEE 的 import 功能,引进这个数据库,如图 17.3。

```
▼ var jrc: ImageCollection "JRC Monthly Water History, v1.1"
   type: ImageCollection
   id: JRC/GSW1_1/MonthlyHistory
   version: 1571719403378207
   bands: []
 ▸ properties: Object (22 properties)
```

图 17.3　引入结果界面

（5）数据时间、地点筛选。year 是研究的年份，jiangxi 是上传的江西 shp 图。
具体操作如下：

```
1.  function get_yearly_water(year) {
2.
3.      //设置需要提取的区域，由于是上传的 shp 文件，需要转为 geometry 的格式
4.      var yantze_down_region = jiangxi.geometry();
5.
6.      //设置需要提取的年份
7.      var startDate = ee.Date.fromYMD(year, 4, 1);
8.      var endDate = ee.Date.fromYMD(year, 9, 1);
9.
10.     //筛选 JRC 水体数据
11.     var myjrc = jrc.filterBounds(yantze_down_region).filterDate(startDate, e
    ndDate);
12.
```

（6）水体的标准设置。具体操作如下：

```
13.     //在每个月份的影像中添加一个 obs 属性的波段，一个像素如果有数据，则为 1，没有数据
    则为 0
14.     myjrc = myjrc.map(function(img){
15.         var obs = img.gt(0);
16.         return img.addBands(obs.rename('obs').set('system:time_start', img.get
    ('system:time_start')));
17.     });
18.
19.     //在每个月份的影像中添加一个 onlywater 属性的波段，一个像素如果有水则为 1，没有水
    则为 0
20.     myjrc = myjrc.map(function(img){
21.         var water = img.select('water').eq(2);
22.         return img.addBands(water.rename('onlywater').set('system:time_start',
    img.get('system:time_start')));
23.     });
24.
```

```
25.    //计算每个像素点在一年 12 景影像中，有数据的次数
26.    var totalObs = ee.ImageCollection(myjrc.select('obs')).sum().toFloat();

27.
28.    //计算每个像素点在一年 12 景影像中，有水的次数
29.    var totalWater = ee.ImageCollection(myjrc.select('onlywater')).sum().toF
    loat();
30.
31.    //统计每个像素点在一年中有水的比例
32.    var floodfreq = totalWater.divide(totalObs).multiply(100);

33.
34.    //删除没有值的像素
35.    var myMask = floodfreq.eq(0).not();
36.    floodfreq = floodfreq.updateMask(myMask);

37.
38.    var viz = {min:0, max:50, palette: ['blue', 'white', 'green']};
39.    var floodfreq1=floodfreq.clip(yantze_down_region);
40.    var year_folder=year+"folder_gte";

41.
42.    //如果某个像素一年有 7 个月有水，则为水体
43.    var gte60=floodfreq1.gte(60)
44.    //加载范围
45.    Map.addLayer(yantze_down_region)
46.    //加载影像
47.    Map.addLayer(floodfreq.clip(yantze_down_region),viz,year_folder)

48.
```

（7）影像数据导出。具体操作如下：

```
49.    //导出影像
50.    Export.image.toDrive({
51.      image: gte60,
52.      region: yantze_down_region,
53.      // fileDimensions:2560,
54.      scale: 30,
55.      maxPixels : 1e13,
56.      folder:year_folder,
57.      description:year_folder});

58.
```

（8）Task 中就有每一年长江下游区域的水体 TIFF 图，点击下载。

（9）统计长江水体面积。具体操作如下：

```
59.    //计算计算长江下游水体面积
60.        var stats2 = gte60.reduceRegion({
61.          reducer: ee.Reducer.sum(),
62.          geometry: yantze_down_region,
63.          scale: 30,
64.          maxPixels: 1E13
65.        });
66.
67.        print(year_folder);
68.        print(stats2);
69.    }
```

（10）控制台输出每一年的水体像元个数，每一个像元的面积为 30 m * 30 m。如图 17.4。

图 17.4　结果展示图

（11）构建时间迭代函数，最后将提取结果导入 Excel 表格中（如图 17.5）。

```
70. //获取哪一年的，如果你想获取 2000 年到 2019 年，将条件改为 i<20
71. for(var i=0;i<5;i++){
72.    if (i<10){ var year='200'+i;}
73.    if (i>10||i==10){ var year='20'+i;}
74.    var yearn = parseInt(JSON.parse(year));
75.    get_yearly_water(yearn);
76. }
```

H	I
year	JRC
2000	6513024.498
2001	6411278.776
2002	6003698.286
2003	4438019.945
2004	5384821.012
2005	5417494.49
2006	4382759.114
2007	6439475.475
2008	4813533.965
2009	5190856.612
2010	7577422.808
2011	4645088.463
2012	4849494.694
2013	5141278.404
2014	5735520.529
2015	5849796.439
2016	6138795.212
2017	5952933.137
2018	6207310.263

图 17.5　导入 Excel 中的结果展示

17.7　驱动力分析

17.7.1　社会经济因素

（1）打开 SPSS 软件，并导入"社会经济数据.xlsx"。

（2）在工具栏点击"分析"→"相关"→"双变量"，进行变量的选择。将除 year 外的列表导入变量中，选择皮尔逊相关系数，如图 17.6。

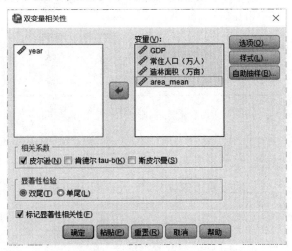

图 17.6　操作界面展示

(3)在变量选择完成后,如果需要对数据进行一定的描述或者查看数据,可以打开右上角的按钮,即选择"选项",如图 17.7 所示。

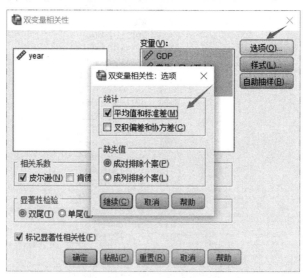

图 17.7　选择进行查看的数值

(4)点击"确定",得到结果。其中既有描述性分析结果,也有 Pearson 相关分析结果。表中字母的含义如下:mean 为均值;Std. Deviation 为标准差;Pearson correlation 为相关系数;Sig 为 P 值;N 是样本数量。

(5)将相关数据导入 Excel 中,得到表 17.1。

表 17.1　相关因素与水库面积相关关系的强弱情况表示

	GDP	常住人口	粮食播种面积	工业开发面积	水运旅客运输量	水运货物运输量	造林面积	平均降水量
年均水面积	0.479 *	0.581 *	0.627 * *	0.349	− 0.278	0.024	0.586 * *	0.025

使用 Pearson 相关系数可定量表示相关因素与水库面积相关关系的强弱情况(表 17.1),具体分析可知:GDP、常住人口、粮食播种面积、造林面积与年均水面积均呈现出显著性,相关系数值分别是 0.479、0.581、0.627、0.586。由此可知,影响湖泊面积变化的主要因素是经济、人口和土地利用类型等人为活动。

17.8　练习题

(1)根据实验数据"江西_shp",利用水体指数法提取 2000—2020 年江西省水体,并统计水体面积。

（2）根据实验数据"柘林水库_shp",利用水体指数法提取 2000—2020 年柘林水库水体,并统计水体面积。

17.9　实验报告

（1）完成练习题（1）和（2）,将水面积提取结果记录至表 17.2 中。

表 17.2

year	MNDWI(m²)		AWEI(m²)		NDWI(m²)	
	江西省	柘林水库	江西省	柘林水库	江西省	柘林水库
2000						
2001						
2002						
2003						
2004						
2005						
2006						
2007						
2008						
2009						
2010						
2011						
2013						
2014						
2015						
2016						
2017						
2018						
2019						
2020						

17.10　思考题

（1）本实验采用的水体指数法,如何通过确定阈值提高水体的提取精度?

（2）除了水体指数法,还可以使用什么办法进行水体提取? 它有什么局限性?

（3）柘林水库的水体面积还有可能和什么因素有关?

主要参考文献

[1]刘瑞,朱道林.基于转移矩阵的土地利用变化信息挖掘方法探讨[J].资源科学,2010(8):1544-1550.

[2]许宏健,郎博宇,张雪,等.基于landsat8数据的植被覆盖度遥感估算[J].现代化农业,2020(11):43-45.

[3]曲海涛,翟玉兰,张学明,等.基于1985—2015年Landsat MSS/TM/OLI影像的面向对象SVM分类的威海市土地利用及变化分析[J].测绘与空间地理信息,2021(5):132-135,138.

[4]郑怡鹏.基于Landsat遥感影像的土地利用变化动态监测[J].软件,2019(6):200-203,222.

[5]韩颖,杜嘉,宋开山,等.五个时期长江入海口湿地土地利用格局及变化[J].湿地科学,2017(4):608-612.

[6]黄静,赵庚星.基于遥感和GIS的黄河口最近20年淤蚀时空动态及水沙影响[J].海洋地质前沿,2021(3):16-21.

[7]张飞,塔西甫拉提·特依拜,丁建丽,等.干旱区绿洲土地利用/覆被及景观格局变化特征:以新疆精河县为例[J].生态学报,2009(3):1251-1263.

[8]万玮,肖鹏峰,冯学智,等.卫星遥感监测近30年来青藏高原湖泊变化[J].科学通报,2014(8):701-714.

[9]邵兆刚,朱大岗,孟宪刚,等.青藏高原近25年来主要湖泊变迁的特征[J].地质通报,2007(12):1633-1645.

[10]李龙,姚晓军,巨喜锋,等.2000—2014年中国内流区主要湖泊面积变化[J].人民黄河,2020(6):63-67.

[11]计璐艳,尹丹艳,宫鹏.Landsat长时间序列的阳澄湖湖面围网时空变化[J].遥感学报,2019(4):717-729.

[12]曹子阳,吴志峰,匡耀求,等.DMSP/OLS夜间灯光影像中国区域的校正及应用[J].地球信息科学学报,2015(9):1092-1102.

[13]张佰发,苗长虹,宋雅宁,等.一种DMSP/OLS稳定夜间灯光影像中国

区域的校正方法[J].地球信息科学学报,2020(8):1679-1691.

[14]陈颖彪,郑子豪,吴志峰,等.夜间灯光遥感数据应用综述和展望[J].地理科学进展,2019(2):205-223.

[15]李峰,米晓楠,王粉鸽,等.基于 DMSP-OLS 和 Landsat8 数据的省域GDP 空间化方法:以北京市为例[J].重庆师范大学学报(自然科学版),2016(1):138-142.

[16]刘瑜,李高灵.城市首位度与区域经济增长的关系:基于三大城市群时序数据实证研究[J].保定学院学报,2021(3):24-30.

[17]徐梦洁,陈黎,刘焕金,等.基于 DMSP/OLS 夜间灯光数据的长江三角洲地区城市化格局与过程研究[J].国土资源遥感,2011(3):106-112.

[18]齐述华,舒晓波,BROWN D,等.基于遥感和历史水位记录的鄱阳湖区淹没风险制图[J].湖泊科学,2009(5):720-724.

[19]刘垚燚,田恬,曾鹏,等.基于 Google Earth Engine 平台的1984:2018 年太湖水域变化特征[J].应用生态学报,2020(9):3163-3172.

[20]刘建萍,张玉超,钱新,等.太湖蓝藻水华的遥感监测研究[J].环境污染与防治,2009(8):79-83.

[21]张青,王学雷,张婷,等.基于 BP 神经网络的洪湖水质指标预测研究[J].湿地科学,2016(2):212-218.

[22]刘朝相,宫兆宁,赵文吉,等.基于光谱基线校正的季节性浑浊 II 类水体叶绿素 a 浓度遥感反演[J].湖泊科学,2014(6):897-906.

[23]卢秀,李佳,段平,等.中国区域 DMSP/OLS 夜间灯光影像的校正[J].测绘通报,2019(7):127-131,159.

[24]刘超.内蒙古阿拉善东南部地区近二十年来植被覆盖度及生态环境研究[D].北京:中国地质大学,2013.

[25]李达.台湾海峡西岸主要流域降水时空分布特征的研究[D].厦门:厦门大学,2014.

[26]喻晓娟.基于 Landsat 影像的1987—2016 年武汉市湖泊面积动态变化分析[D].南昌:东华理工大学,2018.

[27]李睿.基于 Google Earth Engine 的桂林市土地利用时空变化分析[D].南昌:东华理工大学,2019.

[28]刘美玲,明冬萍. 遥感地学应用实验教程[M]. 北京:科学出版社, 2018.

[29]ZHANG Z H,YAO H B,WU B,et al. Limited capacity of suspended particulate matter in the Yangtze River Estuary and Hangzhou Bay to carry phosphorus into coastal seas[J]. Estuarine,coastal and shelf science,2021,258:107417. 1 – 107417. 15.

[30]LUNETTA R S,KNIGHT J F,EDIRIWICKREMA J,et al. Land-cover change detection using multi-temporal MODIS NDVI data[J]. Remote sensing of environment,2006,105(2):142 – 154.

[31]MCFEETERS S K. The use of the normalized difference water index (NDWI) in the delineation of open water features[J]. International journal of remote sensing,1996,17(7):1425 – 1432.

[32]XU H Q. Modification of normalised difference water index (NDWI) to enhance open water features in remotely sensed imagery[J]. International journal of remote sensing,2006,27(12/14):3025 – 3033.

[33]GHOSH T,ANDERSON H,POWELL R L,et al. Estimation of mexico's informal economy and remittances using nighttime imagery[J]. Remote sensing, 2009,1(3):418 – 444.

[34]CHEN Z Q,YU B L,TA N,et al. Delineating seasonal relationships between suomi NPP-VIIRS nighttime light and human activity across Shanghai,China [J]. IEEE journal of selected topics in applied earth observations and remote sensing,2019,12(11):4275 – 4283.

[35]LI G E,CAI Z L,LIU X J,et al. A comparison of machine learning approaches for identifying high – poverty counties:robust features of DMSP/OLS nighttime light imagery[J]. International journal of remote sensing,2019,40(15/16): 5716 – 5736.

[36]ZURQANI H A,POST C J,MIKHAILOVA E A,et al. Geospatial analysis of land use change in the Savannah River Basin using Google Earth Engine[J]. International journal of applied earth observation and geoinformation,2018,69:175 – 185.

附　　录

附录 1　实验所用数据

本书的练习数据与结果数据保存路径以相应实验的具体内容作为参考,读者在练习时应按照实际路径操作。

附表 1　相关数据

实验	建议课时	数据	实验区域
实验 1	2	Landsat-5 TM、Landsat-8 OLI	内蒙古自治区阿拉善左旗
实验 2	2	Landsat-5 TM、Landsat-8 OLI	陕西省延安市子长县
实验 3	2	Landsat-5 TM、Landsat-8 OLI	永兴岛
实验 4	2	土地利用与土地覆盖数据	长江、黄河入海口
实验 5	2	Landsat-5 TM、Landsat-8 OLI	陕西省横山区
实验 6	2	Landsat-5 TM、Landsat-7 ETM + 、Landsat-8 OLI	色林错
实验 7	2	Landsat-5 TM、Landsat-7 ETM + 、Landsat-8 OLI	纳木错
实验 8	2	Landsat-5 TM、Landsat-8 OLI	青海湖
实验 9	2	Landsat-5 TM、Landsat-8 OLI	高邮湖
实验 10	2	Landsat-5 TM、Landsat-8 OLI	日月潭
实验 11	6	Landsat-5 TM、Landsat-8 OLI	滇池
实验 12	3	Landsat 数据、DMSP_OLS 数据、NPP_VIIRS 数据	江西省井冈山市
实验 13	3	DMSP_OLS 数据、土地利用与土地覆盖数据	贵州省遵义市
实验 14	3	DMSP_OLS 数据、土地利用与土地覆盖数据	陕西省延安市宝塔区
实验 15	2	NPP_VIIRS 数据	长三角城市群
实验 16	5	GEE 云端数据	江西省赣州市
实验 17	5	GEE 云端数据	江西省水体及柘林水库

附录2　实验所用软件

本书中的两个基础软件是 ENVI 5.3 和 ArcGIS 10.2,不同版本的软件界面可能会有些差异。遥感地学应用需要的相关软件较多,每个实验所需要的软件不完全一样(见每个实验的实验软件),本书用到下列软件(附表2)。

附表2　相关软件

编号	软件名称	目的	具体实验	获取方式
1	ENVI 5.3	图像处理	除实验 14、15、16、17 外的所有实验(实验 11 用的是 ENVI 5.3.1 SP1)	购买
2	ENVI 5.6	图像处理	实验 15	购买
3	ArcGIS 10.2	专题地图制作	除实验 6、8、11、14、16、17 外的所有实验	购买
4	ArcMap 10.2	专题地图制作	实验 6、8	购买
5	ArcMap 10.8	专题地图制作	实验 11	购买
6	ArcGIS 10.5	专题地图制作	实验 17	购买
7	ArcGIS 10.8	专题地图制作	实验 14	购买
8	Excel	数据分析	除实验 3、17 外的所有实验	安装 Office 软件
9	SPSS	数据分析	实验 8、17	购买
10	MATLAB 2018a	构建模型	实验 11	购买
11	Origin 2018	数据分析	实验 13	购买
12	ArcGIS Pro 2.5	区域分析	实验 14	购买
13	Google Earth Engine	图像处理	实验 16、17	earthengine. google. com

附录3　实验所用代码

本附录为实验 16 所用代码,仅作为参考使用,详细操作见 16.6.1、16.6.2、16.6.3 的内容。

一、代码链接

16.6.1、16.6.2、16.6.3 的内容的代码链接:

https://code. earthengine. google. com/b3409eb95300754c7cfa008bab984c81

16.6.4 的内容的代码链接:

https://code. earthengine. google. com/6974143121a588af551572da67ffe9b7

注意:

(1)点击链接后,参考代码中导入的引用可能会显示错误,属正常情况,按图 16.3 的步骤所示进行研究区的导入即可,"赣州边界"中的 ganzhou 对应代码 var ganhou,ganzhou_xian 对应代码 var ganzhou1。

(2)代码链接无法直接保存,如需使用,可复制粘贴至自己的文件中。代码链接的样本数量较大,无法直接复制,按操作步骤自行选择样本即可。

(3)代码链接仅供参考,若出现错误,请自行修正。如有不同的想法或意见,可自行查找资料进行编写或修正。

二、详细代码

注意:引用的要素集代码需自行导入,具体见图 16.11 和图 16.15。

(1)16.6.1、16.6.2、16.6.3 的内容的代码

```
Map. centerObject( ganzhou, 7);
Map. setOptions( 'SATELLITE');


//1. Load the image and preprocess it
var l8_ganzhou1 = ee. ImageCollection("LANDSAT/LC08/C01/T1_RT_TOA")
            . filterDate( '2020 - 01 - 01', '2020 - 12 - 31')
            . filterMetadata( 'CLOUD_COVER', 'less_than', 0. 5)
            . filterBounds( ganzhou);
//print( l8_ganzhou1. size());
var ganzhou2020 = l8_ganzhou1. reduce( ee. Reducer. median()). clip( ganzhou);
```

```
//Map. addLayer(ganzhou2020,{bands:['B3_median','B2_median','B1_medi-
   an']},'ganzhou2020');


//2. Index extraction of construction area
var addVariables = function(image){
   var ndvi = image. normalizedDifference(['B5_median','B4_median']). rename
   ('NDVI');
   var mndwi = image. normalizedDifference(['B3_median','B6_median']). rename
   ('MNDWI');
   var ndbi = image. normalizedDifference(['B6_median','B5_median']). rename
   ('NDBI');
   var savi = image. expression(
              '((NIR - red) * 1.5)/(NIR + red + 0.5)',{
              red:image. select('B4_median'),
              NIR:image. select('B5_median')
              }). float(). rename('SAVI');
   var savi1 = image. expression(
              '((NIR - red) * 1.2)/(NIR + red + 0.2)',{
              red:image. select('B4_median'),
              NIR:image. select('B5_median')
              }). float(). rename('SAVI1');
   image = image. addBands([ndvi,mndwi,ndbi,savi,savi1]);
   var ibi1_1 = image. expression(
              '(ndbi - (savi + mndwi)/2)/(ndbi + (savi + mndwi)/2)',{
                 ndbi:image. select('NDBI'),
                 savi:image. select('SAVI'),
                 mndwi:image. select('MNDWI')
                 }). float(). rename('IBI_savi');
   var ibi1_2 = image. expression(
              '(ndbi - (savi + mndwi)/2)/(ndbi + (savi + mndwi)/2)',{
```

```
                    ndbi:image. select('NDBI'),
                    savi:image. select('SAVI1'),
                    mndwi:image. select('MNDWI')
              } ). float( ). rename('IBI_savi1');
    var ibi2 = image. expression(
              '( ndbi - ( ndvi + mndwi)/2)/( ndbi + ( ndvi + mndwi)/2)', {
                    ndbi:image. select('NDBI'),
                    ndvi:image. select('NDVI'),
                    mndwi:image. select('MNDWI')
              } ). float( ). rename('IBI_ndvi');
    return image. addBands( [ ibi1_1 , ibi1_2 , ibi2 ] );
};
var zs2020 = addVariables( ganzhou2020);
//print( zs2020);
Map. addLayer( zs2020. select('IBI_savi'), { } ,'IBI_2020_savi');
//Map. addLayer( zs2020. select('IBI_savi1'), { } ,'IBI_2020_savi1');
//Map. addLayer( zs2020. select('IBI_ndvi'), { } ,'IBI_2020_ndvi');
//Map. addLayer( zs2020. select('NDBI'), { } ,'NDBI');


//3. Using OTSU algorithm to calculate threshold
/ * Only the threshold of calculating NDBI is more accurate, and other errors are rel-
  atively large,
so this method is not used. * /
function OTSU( img) {
    var histogram = img. reduceRegion( {
                          reducer: ee. Reducer. histogram (255, 2). combine
('mean', null, true). combine('variance', null, true),
                          geometry: ganzhou,
                          scale: 500,
                          bestEffort: true} );
```

```
var otsu = function( his) {
    var counts = ee. Array( ee. Dictionary( his). get( 'histogram') );
    var means = ee. Array( ee. Dictionary( his). get( 'bucketMeans') );
    var size = means. length( ). get( [0] );
    var total = counts. reduce( ee. Reducer. sum( ), [0] ). get( [0] );
    var sum = means. multiply ( counts). reduce ( ee. Reducer. sum( ), [0] ). get
    ( [0] );
    var mean = sum. divide( total);
    var indices = ee. List. sequence( 1, size);
    var bss = indices. map( function( i) {
        var aCounts = counts. slice( 0, 0, i);
        var aCount = aCounts. reduce( ee. Reducer. sum( ), [0] ). get( [0] );
        var aMeans = means. slice( 0, 0, i);
        var aMean = aMeans. multiply ( aCounts). reduce ( ee. Reducer. sum ( ),
        [0] ). get( [0] ). divide( aCount);
        var bCount = total. subtract( aCount);
        var bMean = sum. subtract( aCount. multiply( aMean)). divide( bCount);
        return aCount. multiply ( aMean. subtract ( mean). pow ( 2) ). add ( bCount.
        multiply( bMean. subtract( mean). pow( 2) ) ) } );
    return means. sort( bss). get( [ -1] ) };
/ * The following mndwi is based on the band name of the rename when you calcu-
late the water body index.
Of course, you can also print "histogram" once and see. * /
return otsu( histogram. get( 'NDBI_histogram') );
}
var NDBI_threshold = OTSU( zs2020);
//print( 'NDBI_threshold', NDBI_threshold);


//4. Threshold segmentation
//4. 1 Greater than a certain value
```

```
var threshold_mask = function( image, value) {
    var mask = image. gt( value) ;
    var masked_image = image. updateMask( mask) ;
    return masked_image;
};
var NDBI_urban = threshold_mask( zs2020. select( 'NDBI') , - 0. 05) ;
Map. addLayer( NDBI_urban, { palette: [ 'red'] } , 'NDBI_urban') ;


//4. 2 Less than a certain value
var threshold_mask1 = function( image, value) {
    var mask = image. lt( value) ;
    var masked_image = image. updateMask( mask) ;
    return masked_image;
};
var IBI_savi_urban = threshold_mask1 ( zs2020. select( 'IBI_savi') ,0. 1) ;
Map. addLayer( IBI_savi_urban, { palette: [ 'red'] } , 'IBI_savi_urban', false) ;


var IBI_savi1_urban = threshold_mask1 ( zs2020. select( 'IBI_savi1') ,0. 6) ;
Map. addLayer( IBI_savi1_urban, { palette: [ 'red'] } , 'IBI_savi1_urban', false) ;


var IBI_ndvi_urban = threshold_mask1 ( zs2020. select( 'IBI_ndvi') ,2. 8) ;
Map. addLayer( IBI_ndvi_urban, { palette: [ 'red'] } , 'IBI_ndvi_urban', false) ;


//5. Supervision of classified construction areas
//5. 1 Merge features into one FeatureCollection
var classNames = urban. merge ( water). merge ( forest). merge ( agriculture). merge
( bare_land) ;
//5. 2 Select bands to use
var bands = [ 'B2_median', 'B3_median', 'B4_median', 'B5_median', 'B6_medi-
an', 'B7_median'] ;
```

```
//5. 3 Sample the reflectance values for each training point
var training = ganzhou2020. select( bands). sampleRegions({
    collection: classNames,
    properties: ['landcover'],
    scale: 30
});


//5. 4 Train the classifier – in this case using a CART regression tree
var classifier = ee. Classifier. smileCart( ). train({
    features: training,
    classProperty: 'landcover',
    inputProperties: bands
});
var classifier1 = ee. Classifier. libsvm( ). train({
    features: training,
    classProperty: 'landcover',
    inputProperties: bands
});
//5. 5 Run the classification
var classified = ganzhou2020. select( bands). classify( classifier);
var classified1 = ganzhou2020. select( bands). classify( classifier1);
//print( classified);
//5. 6 Display the classification map
Map. addLayer ( classified, {min: 0, max: 4, palette: ['red', 'green', 'blue',
'yellow', 'pink']}, 'classification_cart');
Map. addLayer ( classified1, {min: 0, max: 4, palette: ['red', 'green', 'blue',
'yellow', 'pink']}, 'classification_svm', false);


//5. 7 To extract urban region.
var mask = function( image, value) {
```

```
var mask = image. eq( value) ;
var masked_image = image. updateMask( mask) ;
return masked_image;
} ;
var urban0 = mask( classified,0) ;
Map. addLayer( urban0,{ palette:[ 'red'] } ,'urban') ;
```

(2)16.6.4 的内容的代码

```
Map. centerObject( ganzhou, 8) ;
Map. setOptions( 'TERRAIN') ;
//1. Load the image and preprocess it
var l8_ganzhou1 = ee. ImageCollection("LANDSAT/LC08/C01/T1_RT_TOA")
                . filterDate( '2020 - 01 - 01','2020 - 12 - 31')
                 . filterMetadata( 'CLOUD_COVER','less_than',0. 5)
                 . filterBounds( ganzhou) ;
var l8_ganzhou2 = ee. ImageCollection("LANDSAT/LC08/C01/T1_RT_TOA")
                . filterDate( '2016 - 01 - 01','2016 - 12 - 31')
                 . filterMetadata( 'CLOUD_COVER','less_than',0. 5)
                 . filterBounds( ganzhou) ;
var l8_ganzhou3 = ee. ImageCollection("LANDSAT/LC08/C01/T1_RT_TOA")
                . filterDate( '2013 - 01 - 01','2013 - 12 - 31')
                 . filterMetadata( 'CLOUD_COVER','less_than',1)
                 . filterBounds( ganzhou) ;
var l5_ganzhou1 = ee. ImageCollection("LANDSAT/LT05/C01/T1_SR")
                . filterDate( '2008 - 01 - 01','2008 - 12 - 31')
                 . filterMetadata( 'CLOUD_COVER','less_than',1)
                 . filterBounds( ganzhou) ;
var l5_ganzhou2 = ee. ImageCollection("LANDSAT/LT05/C01/T1_SR")
                . filterDate( '2004 - 01 - 01','2004 - 12 - 31')
                 . filterMetadata( 'CLOUD_COVER','less_than',1)
```

```
                              . filterBounds( ganzhou) ;
var l7_ganzhou3 = ee. ImageCollection("LANDSAT/LE07/C01/T1_SR")
                    . filterDate( '2000 - 01 - 01' , '2000 - 12 - 31')
                      . filterMetadata( 'CLOUD_COVER' , 'less_than' ,5)
                      . filterBounds( ganzhou) ;
var l5_ganzhou4 = ee. ImageCollection("LANDSAT/LT05/C01/T1_SR")
                    . filterDate( '1996 - 01 - 01' , '1996 - 12 - 31')
                      . filterMetadata( 'CLOUD_COVER' , 'less_than' ,15)
                      . filterBounds( ganzhou) ;
//print( l8_ganzhou3. size( ) ) ;
//1. 1 Processing l8 image
var ganzhou2020 = l8_ganzhou1. reduce( ee. Reducer. median( ) ). clip( ganzhou) ;
var ganzhou2016 = l8_ganzhou2. reduce( ee. Reducer. median( ) ). clip( ganzhou) ;
var ganzhou2013 = l8_ganzhou3. reduce( ee. Reducer. median( ) ). clip( ganzhou) ;
//1. 2 Processing l5 and l7 image
/* *
 * Function to mask clouds based on the pixel_qa band of Landsat SR data.
 * @ param {ee. Image} image Input Landsat SR image
 * @ return {ee. Image} Cloudmasked Landsat image
 */
var cloudMaskL457 = function( image) {
  var qa = image. select( 'pixel_qa') ;
  //If the cloud bit (5) is set and the cloud confidence (7) is high
  //or the cloud shadow bit is set (3) , then it's a bad pixel.
  var cloud = qa. bitwiseAnd( 1 <<5)
                  . and( qa. bitwiseAnd( 1 <<7) )
                  . or( qa. bitwiseAnd( 1 <<3) ) ;
  //Remove edge pixels that don't occur in all bands
  var mask2 = image. mask( ). reduce( ee. Reducer. min( ) ) ;
  return image. updateMask( cloud. not( ) ). updateMask( mask2) ;
```

```
} ;
var ganzhou2008 = l5_ganzhou1. map( cloudMaskL457). median( ). clip( ganzhou) ;
var ganzhou2004 = l5_ganzhou2. map( cloudMaskL457). median( ). clip( ganzhou) ;
var ganzhou2000 = l7_ganzhou3. map( cloudMaskL457). median( ). clip( ganzhou) ;
var ganzhou1996 = l5_ganzhou4. map( cloudMaskL457). median( ). clip( ganzhou) ;
Map. addLayer ( ganzhou2020, { bands: ['B4_median','B3_median','B2_medi-
an']} ,'ganzhou2020',false) ;
//Map. addLayer ( ganzhou2016, { bands: ['B4_median','B3_median','B2_medi-
an']} ,'ganzhou2016',false) ;
//Map. addLayer ( ganzhou2013, { bands: ['B4_median','B3_median','B2_medi-
an']} ,'ganzhou2013',false) ;
//Map. addLayer ( ganzhou2008, { bands: ['B3','B2','B1']} ,'ganzhou2008',
false) ;
//Map. addLayer( ganzhou2004,{ bands:['B3','B2','B1']} ,'ganzhou2004') ;
//Map. addLayer( ganzhou2000,{ bands:['B3','B2','B1']} ,'ganzhou2000') ;
//Map. addLayer( ganzhou1996,{ bands:['B3','B2','B1']} ,'ganzhou1996') ;


//2. Supervision of classified construction areas
//2.1 Merge features into one FeatureCollection
var classNames = urban. merge ( water). merge ( forest). merge ( agriculture). merge
( bare_land) ;
var classNames1 = urban1. merge ( water1). merge ( forest1). merge ( agriculture1).
merge( bare_land1) ;
var classNames2 = urban2. merge ( water2). merge ( forest2). merge ( agriculture2).
merge( bare_land2) ;
var classNames3 = urban3. merge ( water3). merge ( forest3). merge ( agriculture3).
merge( bare_land3) ;
var classNames4 = urban4. merge ( water4). merge ( forest4). merge ( agriculture4).
merge( bare_land4) ;
var classNames5 = urban5. merge ( water5). merge ( forest5). merge ( agriculture5).
```

merge(bare_land5);

var classNames6 = urban6. merge(water6). merge(forest6). merge(agriculture6).

merge(bare_land6);

//2.2 Select bands to use

var bands = ['B2_median', 'B3_median', 'B4_median', 'B5_median', 'B6_median', 'B7_median'];

var bands1 = ['B1','B2', 'B3', 'B4', 'B5', 'B6', 'B7'];

//2.3 Sample the reflectance values for each training point

var training = ganzhou2020. select(bands). sampleRegions({

   collection: classNames,

   properties: ['landcover'],

   scale: 30

});

var training1 = ganzhou2016. select(bands). sampleRegions({

   collection: classNames1,

   properties: ['landcover'],

   scale: 30

});

var training2 = ganzhou2013. select(bands). sampleRegions({

   collection: classNames2,

   properties: ['landcover'],

   scale: 30

});

var training3 = ganzhou2008. select(bands1). sampleRegions({

   collection: classNames3,

   properties: ['landcover'],

   scale: 30

});

var training4 = ganzhou2004. select(bands1). sampleRegions({

   collection: classNames4,

```
    properties: ['landcover'],
    scale: 30
});
var training5 = ganzhou2000. select(bands1). sampleRegions({
    collection: classNames5,
    properties: ['landcover'],
    scale: 30
});
var training6 = ganzhou1996. select(bands1). sampleRegions({
    collection: classNames6,
    properties: ['landcover'],
    scale: 30
});
//2.4 Train the classifier - in this case using a CART regression tree
var classifier = ee. Classifier. smileCart(). train({
    features: training,
    classProperty: 'landcover',
    inputProperties: bands
});
var classifier1 = ee. Classifier. smileCart(). train({
    features: training1,
    classProperty: 'landcover',
    inputProperties: bands
});
var classifier2 = ee. Classifier. smileCart(). train({
    features: training2,
    classProperty: 'landcover',
    inputProperties: bands
});
var classifier3 = ee. Classifier. smileCart(). train({
```

```
    features: training3,
    classProperty: 'landcover',
    inputProperties: bands1
});
var classifier4 = ee. Classifier. smileCart( ). train( {
    features: training4,
    classProperty: 'landcover',
    inputProperties: bands1
});
var classifier5 = ee. Classifier. smileCart( ). train( {
    features: training5,
    classProperty: 'landcover',
    inputProperties: bands1
});
var classifier6 = ee. Classifier. smileCart( ). train( {
    features: training6,
    classProperty: 'landcover',
    inputProperties: bands1
});
//2.5 Run the classification
var classified = ganzhou2020. select( bands ). classify( classifier );
var classified1 = ganzhou2016. select( bands ). classify( classifier1 );
var classified2 = ganzhou2016. select( bands ). classify( classifier2 );
var classified3 = ganzhou2008. select( bands1 ). classify( classifier3 );
var classified4 = ganzhou2004. select( bands1 ). classify( classifier4 );
var classified5 = ganzhou2000. select( bands1 ). classify( classifier5 );
var classified6 = ganzhou1996. select( bands1 ). classify( classifier6 );
//print( classified );
//2.6 Display the classification map
//Map. addLayer( classified, { min: 0, max: 4, palette: ['red', 'green', 'blue',
```

```
'yellow','pink']},'classification2020',false);
//Map. addLayer(classified1,{min: 0, max: 4, palette: ['red', 'green', 'blue',
'yellow','pink']},'classification2016',false);
//Map. addLayer(classified2,{min: 0, max: 4, palette: ['red', 'green', 'blue',
'yellow','pink']},'classification2013',false);
//Map. addLayer(classified3,{min: 0, max: 4, palette: ['red', 'green', 'blue',
'yellow','pink']},'classification2008',false);
//Map. addLayer(classified4,{min: 0, max: 4, palette: ['red', 'green', 'blue',
'yellow','pink']},'classification2004');
//Map. addLayer(classified5,{min: 0, max: 4, palette: ['red', 'green', 'blue',
'yellow','pink']},'classification2000');
//Map. addLayer(classified6,{min: 0, max: 4, palette: ['red', 'green', 'blue',
'yellow','pink']},'classification1996');


//2.7 To extract urban region.
var mask = function(image,value){
   var mask = image. eq(value);
   var masked_image = image. updateMask(mask);
   return masked_image;
};
var urban2020 = mask(classified,0);
var urban2016 = mask(classified1,0);
var urban2013 = mask(classified2,0);
var urban2008 = mask(classified3,0);
var urban2004 = mask(classified4,0);
var urban2000 = mask(classified5,0);
var urban1996 = mask(classified6,0);
//Map. addLayer(urban2020,{palette:['red']},'urban2020',false);
//Map. addLayer(urban2016,{palette:['red']},'urban2016',false);
//Map. addLayer(urban2013,{palette:['red']},'urban2013',false);
```

```
//Map. addLayer( urban2008,{palette:['red']},'urban2008',false);
//Map. addLayer( urban2004,{palette:['red']},'urban2004');
//Map. addLayer( urban2000,{palette:['red']},'urban2000');
//Map. addLayer( urban1996,{palette:['red']},'urban1996');


//3. Classification post – processing
//3.1 Smooth image(八邻域空间滤波处理,平滑影像)
var smooth_map2020 = classified
                . focal_mode({
                      radius:2, kernelType:'octagon', units:'pixels', itera-
                      tions:1
                      }). mask(classified. gte(0));
var smooth_map2016 = classified1
                . focal_mode({
                      radius:2, kernelType:'octagon', units:'pixels', itera-
                      tions:1
                      }). mask(classified. gte(0));
var smooth_map2013 = classified2
                . focal_mode({
                      radius:2, kernelType:'octagon', units:'pixels', itera-
                      tions:1
                      }). mask(classified. gte(0));
var smooth_map2008 = classified3
                . focal_mode({
                      radius:2, kernelType:'octagon', units:'pixels', itera-
                      tions:1
                      }). mask(classified. gte(0));
var smooth_map2004 = classified4
                . focal_mode({
                      radius:2, kernelType:'octagon', units:'pixels', itera-
```

```
                    tions: 1
               } ). mask( classified. gte( 0 ) );
var smooth_map2000 = classified5
               . focal_mode( {
                    radius: 2, kernelType: 'octagon', units: 'pixels', itera-
                    tions: 1
               } ). mask( classified. gte( 0 ) );
var smooth_map1996 = classified6
               . focal_mode( {
                    radius: 2, kernelType: 'octagon', units: 'pixels', itera-
                    tions: 1
               } ). mask( classified. gte( 0 ) );
//3. 2 Display classified images
var styling = { color: 'black', fillColor: '00000000' };
Map. addLayer( ganzhou. style( styling ), { }, 'ganzhou' );
Map. addLayer( ganzhou1. style( styling ), { }, 'ganzhou' );
//Map. addLayer( smooth_map2020, { min: 0, max: 4, palette: [ 'red', 'green',
'blue', 'yellow', 'pink' ] },
//'classification2020' );
Map. addLayer ( mask ( smooth _ map2020, 0 ), { palette: [ '#d73027' ] }, 'smooth
_map2020' );
Map. addLayer ( mask ( smooth _ map2016, 0 ), { palette: [ '#fc8d59' ] }, 'smooth
_map2016' );
Map. addLayer ( mask ( smooth _ map2013, 0 ), { palette: [ '#fee090' ] }, 'smooth
_map2013' );
Map. addLayer ( mask ( smooth _ map2008, 0 ), { palette: [ '# ffffbf' ] }, 'smooth
_map2008' );
Map. addLayer ( mask ( smooth _ map2004, 0 ), { palette: [ '# e0f3f8' ] }, 'smooth
_map2004' );
Map. addLayer ( mask ( smooth _ map2000, 0 ), { palette: [ '#91bfdb' ] }, 'smooth
```

_map2000');

Map. addLayer (mask (smooth _ map1996 , 0) , { palette: [' #4575b4 '] } , ' smooth _map1996') ;

//4. Add Legend

//set position of panel

var legend = ui. Panel({

  style: {

    position: 'bottom – right' ,

    padding: '8px 15px'

  }

}) ;

//Create legend title

var legendTitle = ui. Label({

  value: '土地利用类型' ,

  style: {

    fontWeight: 'bold' ,

    fontSize: '18px' ,

    margin: '0 0 4px 0' ,

    padding: '0'

  }

}) ;

//Add the title to the panel

legend. add(legendTitle) ;

//Creates and styles 1 row of the legend.

var makeRow = function(color, name) {

//Create the label that is actually the colored box.

    var colorBox = ui. Label({

      style: {

        backgroundColor: '#' + color,

```
        //Use padding to give the box height and width.
        padding: '8px',
        margin: '0 0 4px 0'
      }
    });
    //Create the label filled with the description text.
    var description = ui. Label( {
      value: name,
      style: {margin: '0 0 4px 6px'}
    });
    //return the panel
    return ui. Panel( {
      widgets: [ colorBox, description],
      layout: ui. Panel. Layout. Flow( 'horizontal')
    });
};
//Palette with the colors
//var palette = [ '4575b4','91bfdb','e0f3f8','ffffbf','fee090','fc8d59','d73027'];
var palette = [ 'FF0000','339900','0000FF','FFFF00','FFCCCC'];
//name of the legend
//var names = [ '1996 年','1996 - 2000 年','2000 - 2004 年','2004 - 2008 年',
'2008 - 2013 年','2013 - 2016 年','2016 - 2020 年'];
var names = [ '城市用地','林地','水体','耕地','裸地'];
//Add color and and names
for ( var i = 0; i < 5; i + + ) {
  legend. add( makeRow( palette[ i], names[ i]));
  }


//add legend to map ( alternatively you can also print the legend to the console)
Map. add( legend);
```

```
//5. Statistical accuracy
```

//随机选取样本

```
var withRandom = training. randomColumn('random') ;//样本点随机的排列
var withRandom1 = training1. randomColumn('random') ;
var withRandom2 = training2. randomColumn('random') ;
var withRandom3 = training3. randomColumn('random') ;
var withRandom4 = training4. randomColumn('random') ;
var withRandom5 = training5. randomColumn('random') ;
var withRandom6 = training6. randomColumn('random') ;
```

//我们想保留一些数据进行测试,以避免模型过度拟合。

```
var split = 0. 7;
var trainingPartition = withRandom. filter( ee. Filter. lt('random', split) ) ;//筛选
```
70%的样本作为训练样本

```
var trainingPartition1 = withRandom1. filter( ee. Filter. lt('random', split) ) ;
var trainingPartition2 = withRandom2. filter( ee. Filter. lt('random', split) ) ;
var trainingPartition3 = withRandom3. filter( ee. Filter. lt('random', split) ) ;
var trainingPartition4 = withRandom4. filter( ee. Filter. lt('random', split) ) ;
var trainingPartition5 = withRandom5. filter( ee. Filter. lt('random', split) ) ;
var trainingPartition6 = withRandom6. filter( ee. Filter. lt('random', split) ) ;
var testingPartition = withRandom. filter( ee. Filter. gte('random', split) ) ;//筛选
```
30%的样本作为测试样本

```
var testingPartition1 = withRandom1. filter( ee. Filter. gte('random', split) ) ;
var testingPartition2 = withRandom2. filter( ee. Filter. gte('random', split) ) ;
var testingPartition3 = withRandom3. filter( ee. Filter. gte('random', split) ) ;
var testingPartition4 = withRandom4. filter( ee. Filter. gte('random', split) ) ;
var testingPartition5 = withRandom5. filter( ee. Filter. gte('random', split) ) ;
var testingPartition6 = withRandom6. filter( ee. Filter. gte('random', split) ) ;
```

```
//分类方法选择 smileCart( ) randomForest( ) minimumDistance libsvm
var yz_classifier = ee. Classifier. smileCart( ). train( {
```

```
    features: trainingPartition,
    classProperty: 'landcover',
    inputProperties: bands
});
var yz_classifier1 = ee. Classifier. smileCart( ). train( {
    features: trainingPartition1,
    classProperty: 'landcover',
    inputProperties: bands
});
var yz_classifier2 = ee. Classifier. smileCart( ). train( {
    features: trainingPartition2,
    classProperty: 'landcover',
    inputProperties: bands
});
var yz_classifier3 = ee. Classifier. smileCart( ). train( {
    features: trainingPartition3,
    classProperty: 'landcover',
    inputProperties: bands1
});
var yz_classifier4 = ee. Classifier. smileCart( ). train( {
    features: trainingPartition4,
    classProperty: 'landcover',
    inputProperties: bands1
});
var yz_classifier5 = ee. Classifier. smileCart( ). train( {
    features: trainingPartition5,
    classProperty: 'landcover',
    inputProperties: bands1
});
var yz_classifier6 = ee. Classifier. smileCart( ). train( {
```

```
    features：trainingPartition6,
    classProperty：'landcover',
    inputProperties：bands1
});
```

//运用测试样本分类,确定要进行函数运算的数据集以及函数

```
var test = testingPartition. classify(yz_classifier);
var test1 = testingPartition1. classify(yz_classifier1);
var test2 = testingPartition2. classify(yz_classifier2);
var test3 = testingPartition3. classify(yz_classifier3);
var test4 = testingPartition4. classify(yz_classifier4);
var test5 = testingPartition5. classify(yz_classifier5);
var test6 = testingPartition6. classify(yz_classifier6);
```

//计算混淆矩阵

```
var confusionMatrix2020 = test. errorMatrix('landcover', 'classification');
var confusionMatrix2016 = test1. errorMatrix('landcover', 'classification');
var confusionMatrix2013 = test2. errorMatrix('landcover', 'classification');
var confusionMatrix2008 = test3. errorMatrix('landcover', 'classification');
var confusionMatrix2004 = test4. errorMatrix('landcover', 'classification');
var confusionMatrix2000 = test5. errorMatrix('landcover', 'classification');
var confusionMatrix1996 = test6. errorMatrix('landcover', 'classification');
//print('confusionMatrix',confusionMatrix);//面板上显示混淆矩阵
//print('consumers accuracy',confusionMatrix. consumersAccuracy());
//print('producers accuracy',confusionMatrix. producersAccuracy());


//print('overall accuracy:2020', confusionMatrix2020. accuracy());//面板上显
```
示总体精度
```
//print('overall accuracy:2016', confusionMatrix2016. accuracy());
//print('overall accuracy:2013', confusionMatrix2013. accuracy());
//print('overall accuracy:2008', confusionMatrix2008. accuracy());
//print('overall accuracy:2004', confusionMatrix2004. accuracy());
```

```
//print('overall accuracy:2000', confusionMatrix2000. accuracy());
//print('overall accuracy:1996', confusionMatrix1996. accuracy());
//print('kappa accuracy:2020', confusionMatrix2020. kappa());//面板上显示
kappa值
//print('kappa accuracy:2016', confusionMatrix2016. kappa());
//print('kappa accuracy:2013', confusionMatrix2013. kappa());
//print('kappa accuracy:2008', confusionMatrix2008. kappa());
//print('kappa accuracy:2004', confusionMatrix2004. kappa());
//print('kappa accuracy:2000', confusionMatrix2000. kappa());
//print('kappa accuracy:1996', confusionMatrix1996. kappa());


//6. Calculate the classified area
var areaImage = ee. Image. pixelArea(). addBands(classified);
var areaImage1 = ee. Image. pixelArea(). addBands(classified1);
var areaImage2 = ee. Image. pixelArea(). addBands(classified2);
var areaImage3 = ee. Image. pixelArea(). addBands(classified3);
var areaImage4 = ee. Image. pixelArea(). addBands(classified4);
var areaImage5 = ee. Image. pixelArea(). addBands(classified5);
var areaImage6 = ee. Image. pixelArea(). addBands(classified6);


var areas = areaImage. reduceRegion({
      reducer: ee. Reducer. sum(). group({
      groupField: 1,
      groupName: 'class',
      }),
    geometry: nzg,
    scale: 500,
    maxPixels: 1e10
    });
var areas1 = areaImage1. reduceRegion({
```

```
    reducer: ee. Reducer. sum( ). group( {
      groupField: 1,
      groupName: 'class',
    } ),
    geometry: shicheng,
    scale: 500,
    maxPixels: 1e10
  } );
var areas2 = areaImage2. reduceRegion( {
    reducer: ee. Reducer. sum( ). group( {
      groupField: 1,
      groupName: 'class',
    } ),
    geometry: nzg,
    scale: 500,
    maxPixels: 1e10
  } );
var areas3 = areaImage3. reduceRegion( {
    reducer: ee. Reducer. sum( ). group( {
      groupField: 1,
      groupName: 'class',
    } ),
    geometry: nzg,
    scale: 500,
    maxPixels: 1e10
  } );
var areas4 = areaImage4. reduceRegion( {
    reducer: ee. Reducer. sum( ). group( {
      groupField: 1,
      groupName: 'class',
```

```
        } ) ,
      geometry: nzg,
      scale: 500,
      maxPixels: 1e10
      } ) ;
var areas5 = areaImage5. reduceRegion( {
        reducer: ee. Reducer. sum( ). group( {
        groupField: 1,
        groupName: 'class',
        } ) ,
      geometry: nzg,
      scale: 500,
      maxPixels: 1e10
      } ) ;
var areas6 = areaImage6. reduceRegion( {
        reducer: ee. Reducer. sum( ). group( {
        groupField: 1,
        groupName: 'class',
        } ) ,
      geometry: nzg,
      scale: 500,
      maxPixels: 1e10
      } ) ;
//var classAreas = ee. List( areas. get( 'groups') ) ;
var classAreaLists = function( item)  {
  var areaDict = ee. Dictionary( item) ;
  var classNumber = ee. Number( areaDict. get( 'class') ). format( ) ;
  var area = ee. Number(
    areaDict. get( 'sum') ). divide( 1e6). round( ) ;//The unit is square kilome-
    ters.
```

```
    return ee. List( [ classNumber, area] ) ;
} ;


var result = ee. Dictionary ( ee. List ( areas. get ( 'groups' ) ) . map ( classAreaLists ).
flatten( ) ) ;
var result1 = ee. Dictionary ( ee. List( areas1. get ( 'groups' ) ) . map ( classAreaLists ).
flatten( ) ) ;
var result2 = ee. Dictionary ( ee. List( areas2. get ( 'groups' ) ) . map ( classAreaLists ).
flatten( ) ) ;
var result3 = ee. Dictionary ( ee. List( areas3. get ( 'groups' ) ) . map ( classAreaLists ).
flatten( ) ) ;
var result4 = ee. Dictionary ( ee. List( areas4. get ( 'groups' ) ) . map ( classAreaLists ).
flatten( ) ) ;
var result5 = ee. Dictionary ( ee. List( areas5. get ( 'groups' ) ) . map ( classAreaLists ).
flatten( ) ) ;
var result6 = ee. Dictionary ( ee. List( areas6. get ( 'groups' ) ) . map ( classAreaLists ).
flatten( ) ) ;
//print( '2020 Classification area( km2 ) : ', result,
//        '2016 Classification area( km2 ) : ', result1,
//        '2013 Classification area( km2 ) : ', result2,
//        '2008 Classification area( km2 ) : ', result3,
//        '2004 Classification area( km2 ) : ', result4,
//        '2000 Classification area( km2 ) : ', result5,
//        '1996 Classification area( km2 ) : ', result6 ) ;
```